Petit Hector
apprend la vie

小艾多的世界

[法]佛朗沙·勒罗　著

蔡雅琪　译

ZHEJIANG UNIVERSITY PRESS
浙江大学出版社

图书在版编目（CIP）数据

　　小艾多的世界／（法）佛朗沙·勒罗著；蔡雅琪译.
—杭州：浙江大学出版社，2016.8（2025.10重印）
　　ISBN 978-7-308-16056-8

　　Ⅰ.①小…　Ⅱ.①佛…　②蔡…　Ⅲ.①儿童心理学
Ⅳ.① B844.1

　　中国版本图书馆 CIP 数据核字（2016）第 165353 号

Author: Francois Lelord, Title: Hector & Hector und die, Geheimnisse des Lebens, Copyright: 2009 Piper Verlag GmbH, Munich, Germany

Chinese language edition arranged, through HERCULES Business & Culture, GmbH, Germany

　　浙江省版权局著作权合同登记图字：11—2023—251

小艾多的世界

[法]佛朗沙·勒罗 著　蔡雅琪 译

特约策划	陈　洁　王慧敏
责任编辑	平　静
特约编辑	陈　洁　李志鹏　张万芹
责任校对	赵　坤
内文插图	洪晓晖
封面设计	胡　桃
出版发行	浙江大学出版社
	（杭州市天目山路 148 号　邮政编码 310007）
	（网址：http://www.zjupress.com）
排　版	采芹人 插画·装帧 顾宗蛟
印　刷	杭州杭新印务有限公司
开　本	880mm×1230mm　1/32
印　张	8.25
字　数	200 千
版 印 次	2016 年 8 月第 1 版　2025 年 10 月第 7 次印刷
书　号	ISBN 978-7-308-16056-8
定　价	32.00 元

版权所有　翻印必究　　印装差错　负责调换

浙江大学出版社发行中心联系方式：（0571）88925591；http://zjdxcbs.tmall.com

目　录

从前有个小·男孩叫艾多

　　从前有个小男孩叫艾多。

　　因为他爸爸的名字也是艾多，所以在家里大家都叫他"小艾多"。原本这应该会让他很不高兴，然而事实却相反，因为，爸爸和妈妈从婴儿时期就这么叫他了，所以他早就习惯并喜欢上这个称呼了。

　　不过，为一个孩子取跟爸爸相同的名字，还在前面加了一个"小"字，未来难道不会给他带来一些困扰吗？导致他产生某些特殊情结或愿望，想要什么都向父亲看齐？或者刚好完全相反，做出一些超级大蠢事？父母给他取这个名字之前，难道没想过要先请教一下精神科医师吗?

当然没有,因为小艾多的爸爸恰好就是一位精神科医师!而所有的精神科医师对于小孩的教养方式,是绝不可能去请教同行的——他们一向不太相信别人的说法。

精神科医师,是一种很棒的职业,不过到了晚上,他们不能把一整天的经历说给家人听,只有在听到一些真的很有趣的事情时,才能够说一点儿。这就是所谓的,对于职业机密的尊重。

小艾多以他爸爸为荣。首先因为爸爸是个医生,小艾多知道要成为医生是件非常不容易的事情;再则因为爸爸脸上的表情永远都很平静,就好像他是全世界最强的人,从来都不需要感到紧张一样。

小艾多的妈妈名叫克拉拉,他觉得自己有个全世界最棒的妈妈。在妈妈下班回来比较早的时候,家里常常只有小艾多一个人,母子俩就会好好地聊个天。他会告诉她学校里发生了什么事,而妈妈永远都是忠实的听众。当他讲到自己对一个被其他人嘲笑的同学表示善意,或者在课堂上回答问题回答得很好时,妈妈就会对他说:"小艾多,你好棒!"还会亲他几下。当然她也经常会没来由地亲吻他,一边低声叫着:"我的小艾多。"所以,小艾多觉得自己非常幸福。

与爸爸相比，妈妈听小艾多讲话的时候更多。这真的很有趣，因为他爸爸的职业就是要听人家说话；而妈妈的工作呢，就比较偏重书写。晚上，小艾多偶尔会看见妈妈在电脑前打字。爸爸总是叫道："过来跟我们一起看电视嘛！"而妈妈几乎每次都回答："不行，这份简报我明天之前要写好。"小艾多知道，做这些简报，有点儿像他到黑板前去答题一样。妈妈也有老板会给她打分数。

　　妈妈的工作很忙，但还是很喜欢下厨，而且做的菜都很好

吃，比如烤鸡配薯条、火腿配蔬菜泥，以及西红柿鲔鱼色拉。她还喜欢蒸一大堆蔬菜再淋上一点儿橄榄油，而且总是要小艾多和爸爸多吃一点儿，但他们都不喜欢吃。所以，偶尔她也会做一些他们爱吃的蔬菜馅饼。

你或许已经发现了，与世界上大部分的小孩相比，小艾多的人生已经算是比较幸运的了：他和爸爸妈妈住在一起，爸爸有一份很好的工作，不必担心会失业；妈妈则很会做菜，职业也很不错。全家人会坐在一起用餐，而且，有时候爸爸还会陪他玩球。

不过，你可能也知道，幸福本来就是一种比较之下的结果。因此，即便运气这么好，小艾多也不是一直都很快乐，因为人生本来就不是一件容易的事。所以他必须学习体验人生，就像他爸爸的名言说的那样："凡事还是早点儿开始比较好，因为我们永远都不知道还剩下多少时间。"他爸爸就是这样一个人。

每次爸爸说这句话的时候，小艾多的妈妈就会回应："你实在应该克制一点儿，不要乱下这种评语。"小艾多不是很明白妈妈想表达的意思，不过他很喜欢妈妈说的这句话。因此，有一天，当老师对他说："艾多，我给你打了很低的分数，因为可以看出你根本没用功读书。"小艾多就在全班同学的面前回应："您实在应该克制一点儿，不要乱下这种评语。"接着爸爸妈妈便接到通知，要他们来学校与小艾多的老师、学校的辅导老师及社工谈一谈。

这就是小艾多人生中学到的第一课：

讲话的时候，千万不要忘记对象是谁。

他发现爸爸经常会把自己的想法写在一本小册子上，随身带着。于是他告诉自己，他也一样，要把人生中体验到的每一课都写在小册子上，有一天再拿出来给爸爸妈妈看。到时候他们一定也会以他为荣。

我们就来看看小艾多是怎么体验人生的吧！

小·艾多和他的爸爸

　　小艾多很喜欢和爸爸妈妈在一起，尤其喜欢独自和妈妈在一起，或者独自和爸爸在一起，因为他觉得这样讲起话来比较自在。

　　周日的时候，爸爸喜欢到一片离他们住的那个小区不算太远的小树林里去散步。当然，他总是带着儿子一起去。这片树林非常漂亮，小艾多总是期待他们有一天能遇见童话故事里的小精灵或仙女，但他也很清楚这是不可能的事。不过偶尔他和爸爸会看到雄鹿停下来以诡异的眼神瞥他们一眼，随即又消失无踪。

这一天的时节是秋季。当然，大家都知道秋天正是小树林最美的季节。一阵微风将落叶吹得飞来飞去，而这对父子仍在安静地散步。

不过小艾多有一些烦恼。他在脑袋里把所有的烦恼列成了一张表，这是他的习惯。如果心里只有一件烦恼，或者完全没有烦恼，他会觉得很高兴，而且这种情形还经常有。不过，这一天，他的烦恼挺多的。

他把电玩游戏机借给了一个朋友，而那人居然告诉他说东西弄丢了，不过一定会找到的。这件事让小艾多很困扰，因为这个电玩游戏机是他的另一个朋友阿瑟借给他的。阿瑟人很好，是他最不想伤害的人。

另外，他上一次的地理作业写得不是很好，担心老师会给他很烂的成绩。如果这样的话就太糟了，尤其是成绩单被妈妈看到的时候。

还有，上次去鞋店买新鞋子，他告诉妈妈和卖鞋子的阿姨，那双尺寸偏小的鞋子很合脚。他很想要这双漂亮又昂贵的鞋子，因为穿起来让他变得很帅，然而卖鞋子的阿姨说这双鞋没有更大的尺寸了。现在走起路来，他终于相信这双漂亮的鞋子真的太小了。

最后一件烦恼的事情，已经持续好一阵子了：他很喜欢学校里的一个女孩，名叫阿曼汀娜。不过直到现在，他还不敢跟她说话，很担心自己看起来是一副蠢样。

"小艾多，你还好吗？"

爸爸停下脚步来，盯着他瞧。

"啊，很好啊。"

"真的吗？因为你一句话都不说，也没有捡那些漂亮的树叶，我呢，就发现你脸上都是烦恼的表情。"

小艾多知道他爸爸的职业就是帮人减轻烦恼，所以，他能发现自己心里在想什么，也就不会令人意外了。

"是啦，有一点儿啦。"小艾多承认。

"很好，那么就告诉我，你有什么烦恼呢？"

小艾多犹豫了。到底该跟爸爸说些什么才好？他从最不复杂的，也就是基勇与马蒂奥的事情开始讲起，接着是地理作业……然后，他就全都告诉爸爸了：阿瑟的电玩游戏机、那双尺寸太小的鞋，还有阿曼汀娜……

最后，他实在是很想哭出来。

"很好，"他爸爸说，"说出来会比较舒服一点儿。"

"我已经受够了，"小艾多说，"好希望自己不要有这些烦恼！"

"啊，你也知道，每个人都会有烦恼。这很正常。"

"不，"小艾多说，"等我长大以后，就不会再有烦恼了。"

就像他眼里看到的爸爸和妈妈一样，他们都没有烦恼。

爸爸笑了。

"小艾多，烦恼是永远都不可能停止出现的。"

"就算长大之后也一样吗？"

"就算长大之后也一样。"

"是什么样的烦恼呢？"

爸爸脸上出现了稍微思考一下的表情，然后终于说道："都是一样的烦恼。"

"都是一样的烦恼？"

"没错。"

"才怪，长大之后什么事情都能做，什么话都能说了。"

"也不完全都是一样的烦恼，"爸爸说，"不过有些烦恼还是一样的。"

"比如说什么呢？"

"比如，因为不知该做什么才好，所以担心……有些话不敢说出来……害怕自己不够强……怀疑自己是不是让别人伤心了……你看，人生当中一直都会遇到这种事。"

"所以人生很令人难过啰？"

"不，这就是人生。重要的是，要学习怎么与烦恼共处。因为我们永远都会有烦恼。"

"可是有时候我就没有烦恼，但现在有。"

"那很好啊，因为你已经学会怎么与这些烦恼共处，而这种经验是一辈子都很受用的。"

"那么，有烦恼也是一件好事吗？"

爸爸笑了。

"是啊，如果你烦恼太多就告诉我，或者告诉你妈妈也行。"

小艾多心想，不知道该不该拜托爸爸去告诉妈妈那双鞋子的事情，因为他自己根本不敢讲。

那天晚上，小艾多心里觉得好过多了。爸爸说的对，把烦恼说出来，心里真的会比较舒服。

特别是，他现在已经知道有哪些重要的事能写在小本子的第一页了。他写下自己的名字、日期，接着是年份，然后又写道：

> 有烦恼是一件好事，因为能训练自己以后怎么面对烦恼。

作　弊

　　小艾多除了和爸爸妈妈在一起之外，至少还有另外三种生活：在学校里有两种——一种是和老师，一种是和同学。然后还有放假的日子，因为这时候他会遇到其他和爸爸妈妈一起出来的小朋友。这经常令他有机会思考，自己是不是拥有"全世界最好的爸爸妈妈"，还是其他人的比较好。（小艾多心底觉得自己的爸爸妈妈是全世界最好的，但唯一不好的是他们经常不让他看电视。所以，每次班上同学聊起某些电视剧或影片，他都没看过。这让他觉得很不高兴。）

在学校里，小艾多有一个好朋友叫基勇。小艾多跟他在一起，就有点儿像是跟爸爸妈妈在一起一样。他觉得自己和基勇一辈子都会这么要好。他们很喜欢讲故事给彼此听，比赛看谁能讲出最厉害的故事。通常他们讲的都是寻宝、龙、恐龙或打仗的故事，他们和故事里的主人公都是同一国的。他们会一起杀掉所有的敌人，或者是把敌人关起来，晚一点儿再杀掉。

有一天，他在本子上写了这样一个故事。爸爸知道了，看了看小艾多并对他说道："你呀，还真的只是一个小男孩啊！"小艾多不是很懂爸爸说这话的含意。不过，爸爸又补充道："打仗的时候，是不该把俘虏给杀掉的。"

"为什么呢？"

"因为他们已经没有自卫能力了。"

"是这样吗？"

"你会记住这件事吧？"

"会。"小艾多说。

"不过，我希望你永远都没有机会打仗。"爸爸一边说一边叹气。

小艾多发现自己很喜欢玩打仗的游戏，或者是玩同学的哥哥们买的那种战争电玩游戏，不过那些大人呢，并不是那么喜欢战争。

基勇擅长体育运动，尤其是踢足球，不过他很不喜欢上课，所以从来都不认真听讲。小艾多也一样，上课不是很认真听讲，不过当老师问道："艾多，我刚才说了什么？"他总是能想得起来，而且都会回答。这应该是从他爸爸身上遗传来的一种很有用的天分，因为爸爸对他的那些病人，也都有办法做出同样的反应。特别是，小艾多在课堂上有哪些问题不懂时，还能回到家去请教爸爸妈妈。他们两个都读过很多书，就算完全想不起来了，也还是有办法能帮他。

　　至于基勇的爸爸妈妈，小艾多知道他们书读得并不多，也可能是以前上学时都没认真听课。基勇的爸爸是一家小餐厅的厨师；他妈妈则会到那些从不做家务事的妈妈家去帮忙打扫，因为她们都得去上班。

　　小艾多与基勇是同桌。当老师在课堂上让他们做练习时，小艾多都做得出，基勇却经常做不出。

　　于是，小艾多就会想办法让自己的练习本露出来，让基勇从一旁偷看，抄他的答案。有时候基勇甚至连答案都看不懂，小艾多就会小声地念给他听。

　　有一天，他们正在做这档事的时候，小艾多以为老师已经走到别的地方去了。不过很快他就感觉到老师的一只手搭在他肩上，另一只手则抓住基勇："被我抓到了！"

　　接下来的事情，我们就不多说了，因为故事情节的发展都是这样的，老师给了他们一顿教训，然后又把这件事写在家校联络本上，接着小艾多就得在妈妈面前解释清楚。

"他是我最好的朋友。"他说道，"我只是想帮他。"

"话是这么说没错，但这等于是帮他作弊。"

"不，我只是想帮他得个好成绩。"

"小艾多，作弊是很不应该的事情。"

"就算是帮朋友也一样吗？"

"没错。而且这其实不是在帮他。他该做的，是再用功一点儿。"

"但为什么不能作弊呢？"

妈妈想了一想。

"因为这不公平。靠作弊考出好成绩的学生，其实根本没有那个实力。对那些真的很用功，却没考出好成绩的人来说，这是件很令人难过的事。"

"话是这么说没错，但其他人我可不管，他们又不是我的朋友。"

妈妈又想了一想。

"假设你到面包店去，看到店门口排了一列等候的队伍。你肚子很饿，很想给自己买一片苹果馅饼……"

这是一个很好的例子，因为小艾多最爱吃苹果馅饼了：他喜欢先吃掉铺在馅饼上的所有馅料，然后再吃饼皮。

"……这时候，却有个人假装没看见你，在你前面插队，你心里会怎么想？"

"我会很生气！如果我年纪够大的话，就会揍他一拳。"

"这就对啦！所以说，有人作弊的时候，就会像这样，对别人造成困扰。"

"话是这么说没错，但作弊的时候，又没有人知道我在帮基勇。所以这不会对别人造成困扰。"

妈妈用一种很好笑的表情看着他："我在想……"

"你在想什么？"

"不，没事。"

妈妈想了一想，然后问："你喜欢我们那辆新车吗？"

"当然喜欢啰！"

爸爸妈妈买了一辆闻起来还是全新的车，后座的位置比较宽敞，仪表板上还有个小屏幕，随时都能看得见车子要开往哪里！

"那么，你想想看，如果这辆车真的这么好，那也是因为用了最好的零件来组装它。如果他们用的零件，是那种靠作弊才生产出来的，那么车子就会产生故障了。"

这番话让小艾多思考了一会儿。

"话是这么说没错，但我那么做，只是想让基勇有个好成绩，又不是要组装车子。"

"但这已经算是开始学坏了。人生当中，如果所有人都开始作弊、开始说谎，每件事就都行不通了。你明白了吗？"

"明白。"

"一旦我们开始告诉自己'这次的情况比较特殊，撒个小谎没关系'，那么就已经算是开始做坏事了。你明白了吗，小艾多？"

"明白。"

"而且做了第一次之后，我们就会告诉自己'为什么不能有第二次'，接着，就会不断重复了。如果每个人都这么做的话，世界就会大乱了，你明白了吗？"

"明白。"

这是真的，他明白了。他知道对妈妈来说，只要一点点小错，就算是很大的过错了，所以根本连一点儿小错都不该犯，也不能养成习惯。

在他睡觉之前，爸爸到房里来看他。

"妈妈都告诉我了。"爸爸说道。

"她跟我说作弊是很不应该的事情。"

"嗯，她说的没错。"爸爸说道。

小艾多觉得爸爸并没有完全认同这句话。

"就算是帮助朋友也一样吗？"小艾多问道。

"是的，"爸爸说，"就算帮助朋友也一样。对其他人来说这是不公平的，而且，我们还会因此养成不好的习惯。"

"好吧。"小艾多回答。

然后爸爸就起身离开他的房间。就在爸爸准备把身后的门给关起来时，他又轻声说道："不过，如果我们是为了帮助朋友而作弊的话，最重要的，就是不能被抓到。"

爸爸走了之后，小艾多把灯打开，翻开自己的小本子，写道：

人生中绝对不能作弊。

人生中绝对不能因为要帮助朋友而作弊，如果作弊，就不能被抓到。

制造车子的时候也不能作弊，否则车子就会发生故障。

然后，他就睡了，心情很好。他觉得自己又体验了人生的一课。

事情乐观的一面

　　接下来的那个星期六，小艾多的妈妈带他去了动物园。他非常兴奋，很小的时候他曾经去过一次，不过已经不太有印象了。

　　他在电视上看过不少有关动物的影片，尤其是有关非洲动物的，看到鳄鱼等着牛、羚羊靠近水边，再吃掉它们；还有羚羊随时随地都得保持警戒，才不会被狮子攻击；还有水牛必须很小心地保护它们的小牛，不被其他的动物吃掉。非洲的动物世界，看起来实在是很恐怖的样子。所以他想看看是不是动物园里的动物也一样，虽然他也知道在动物园里，那些动物不可能互相吃掉彼此。

这一天实际上并不是那么顺利，因为他们出门后开始下雨了。等他们来到动物园的停车场时，雨下得非常大，车子的雨刷也开到了最快的速度，平常这是小艾多最爱看的，但今天不是。

"我们在车上待一会儿，等雨停。"妈妈说。

"可是到时候动物园就关了，我们会来不及看完所有动物的！"

而且，他们到达动物园的时间本来就比较晚了，因为妈妈半路还在书店停了车，拿了她预订的书。

"不会的，"妈妈说，"我们一定来得及。而且就算来不及的话，以后还可以再来。"

"只要撑雨伞就行了！"

不过运气真不好，雨伞刚好留在了家里。

"爸爸忘了把伞放回车上了！"小艾多很生气地说。

"没错，不过这也没那么严重。"

"说不定现在雨已经比较小了，我们可以出去了吗？"

"雨下得太大了，我们没办法出去。"

"动物园快关了！"

"不会啦，没那么快关，等一等就知道了。"

"我讨厌下雨，我受够了！"小艾多一边说着，一边开始哭了。

妈妈盯着他瞧。

"小艾多，难道你不喜欢和妈妈在一起吗？"

小艾多想起自己一向都很喜欢和妈妈在一起，刚才出发的时候，他还很高兴。

"当然喜欢，妈妈，但是动物园……"

"是啊，动物园，我知道。可是你想想看，因为下雨的关系，我们才能安静地待在车里，只有我们两个人，可以聊聊天……毕竟这也是很愉快的时光，不是吗？"

小艾多明白妈妈想说的是什么：如果不去想动物园的话，和妈妈在一起的确是很愉快的事情。

"是啊，这倒是真的。"

"这就对了，"妈妈说道，"人生当中，有件事情非常重要：永远都要试着去发现事情乐观的一面。就像现在这样，以后你会记得这件事吗？"

"会。"

"更何况，这也是你爸爸的工作。"

"发现事情乐观的一面？"

"不，是帮助别人去发现事情乐观的一面。对某些人来说，这很困难。"

小艾多心想，爸爸的工作还真是不简单啊。这也说明，他为什么经常会在晚上一脸倦容了。

"那么，是爸爸教会你发现事情乐观一面的吗？"

妈妈笑了一下。

"不，我以前就知道了。你也知道，人生当中，一直都有机会学习这种事。"

"就像我一样，现在我也学到了。"

"这就对了，小艾多。"

幸好，雨停了，他们可以开始逛动物园了。如果时间再拖下去，他就不知道，自己是不是有办法去发现事情乐观的一面了。因为刚才雨下得很大的关系，很多人都离开了。所以小艾多很容易就能和动物们靠得很近，把它们给看个仔细。

"你看，"妈妈微笑着说，"下雨天也有它好的一面。"

小艾多明白她想说的是什么了，但他仍自言自语："最难发现事情乐观一面的，应该就是狮子了，因为它被关在一个小笼子里，只能用自己的毛皮摩擦铁条。"

"至少，"妈妈说，"每天都有人喂它吃东西，而且它也不会有被猎杀，或者被其他动物咬死的危险。"

"总之，我如果有能力的话，就会把这只狮子送回非洲去。"

"你觉得，回到非洲，它还有办法自己找猎物吃吗？"

仔细瞧瞧，这只狮子看起来还真的很老了，精神也不是很好。不过或许对它来说，这也算是事情乐观的一面吧！

"你觉得这只狮子，也能看见事情乐观的一面吗？"

"啊，我觉得不会。而且这只狮子，说不定本来就是在动物园里出生的，所以根本不知道非洲的生活是什么样子。"

他们的时间很充裕，几乎把所有的动物都看过了。除了关在笼子里的那些鸟之外，因为小艾多对笼子里的鸟并不是很感兴趣，还有猴子，因为现在冬天已经来了，它们全都被关在室内，闻起来真的很臭。

但是大象、鳄鱼，不同种类的羚羊，还有犀牛，每一只看起来真的都和电视上一样，只是没那么好动罢了。比如说那些鳄鱼，嘴巴都张得大大的，伸长了身子，一动也不动，甚至看不出来它们是否在呼吸，几乎让人以为它们是死的或假的。

"它们是真的吗？"小艾多问。

"是真的。"妈妈说，"不过它们真的一动也不动。连我都要怀疑它们是不是真的还活着了。"

就在这时候，一名管理员提着喂食的桶过来了。他把大块大块又鲜又红的肉往鳄鱼那边丢，结果肉甚至还来不及掉到地上，便被它们咔嚓咔嚓地咬到嘴里去了。它们的动作是那么迅速，连小艾多的妈妈都吓了一跳。

"它们在丛林里的时候就是这样，"小艾多解释道，"它们原本一动都不动，不会引起任何注意，但当猎物靠近时，便咔嚓、咔嚓！"

"好了，我们去看看其他动物吧！"妈妈说。

小艾多觉得这些鳄鱼并不是很讨妈妈喜欢。

"你看，它们哪，就懂得发现事情乐观的一面：什么事都不必做，然后，咔嚓、咔嚓，就有晚餐可吃了。"

"不知道这些鳄鱼是不是有足够大的脑袋能想到这些。"妈妈说。

他们回到车上时，小艾多很高兴，妈妈也一样。不过接下来她就没那么高兴了，因为她发现，他们刚才在车上躲雨的时候，小艾多曾经摇下车窗看看雨是不是变小了，然后就忘了摇上来。所以车子里都进水了，整个后座湿答答的，她之前买的那些书也都湿掉了。它们原本都是新的，现在纸张却都弯曲不平整，就像电影里那些老旧的魔法书一样。

"小艾多！"妈妈叫道。

她看起来很生气，回程的时候话突然变得很少。小艾多心里很闷，他不喜欢看到妈妈生气或伤心的样子。

"妈妈，我不是故意的！"

"我知道，但是你实在太不小心了！"

"我以后不会再这样了！"

"好吧，希望如此。"

有一段时间他两什么话都没说，然后小艾多说道："这件事乐观的一面就是，我们还是过了一个很愉快的下午。"

妈妈微笑了一下，接着她说："这倒是真的，不过发现事情乐观的一面，不该让人忘记要小心一点。"

那天晚上，小艾多在小本子上写道：

人生当中，永远都要懂得发现事情乐观的一面。

不过也必须当心事情的另一面。

狮子没办法看见事情乐观的一面，因为它们早就忘了事情还有另一面。

鳄鱼则甚至不知道事情还有其他面。

最好的朋友们

　　小艾多在学校有一个最好的朋友基勇，我们之前已经介绍过了。不过除了基勇他还有其他一些也很要好的朋友。

　　首先是阿瑟，他的成绩比小艾多还要好。阿瑟的话不多，性格有点儿害羞，不过他也很喜欢与基勇和小艾多一起玩耍及编故事。阿瑟爸爸的职业也是帮助别人，就像小艾多的爸爸一样，不过他是帮助别人填写那些叫作税单的文件。而且阿瑟的算术很好。他也有一个很漂亮的妈妈，有时候会来接他；即使小艾多认为自己的妈妈已经是全世界最漂亮的了，也觉得阿瑟妈妈算是非常非常漂亮的一个。阿瑟的爸爸长得就没有那么帅，有点儿胖胖的，眉毛很浓，脸上看起来永远都是有点儿生气的样子，而且他从来都不笑，也不太说话。阿瑟的妈妈呢，她很爱笑，也很喜欢和别人讲话。她来接儿子放学的时候，经常会与小艾多的妈妈聊上几句。

有一天，是爸爸来校门口接小艾多的，小艾多看见他正在与阿瑟的妈妈聊天。阿瑟妈妈一直对他爸爸微笑，而爸爸呢，实在很奇怪，表情有点儿尴尬，不过还是很高兴。

小艾多的另一个好朋友叫作阿平。阿平之所以会取这个名字，是因为他有一对中国人的眼睛，不过他并不是中国人。他爸爸妈妈是从位于中国南面的一个小国家来的。有一次，阿平曾经对他们说起一些自己家里的故事。很久很久以前，他的爷爷奶奶与爸爸妈妈（他爸妈当时还是小孩），在自己国家的遭遇很悲惨，便决定离开那个地方，走的时候还得留心不被逮到。他们是趁夜搭小船逃走的。当时他爸爸妈妈还不认识，搭的也是不同的船只。不过就像那些海盗故事一样，他们搭船离开的时候，吃的与喝的根本无法满足船上所有人的需求，甚至还在四面都是汪洋的情况下遇上了真正的海盗。海盗抢了他们身上所有的东西，还带走了阿平爸爸的两个姐姐，后来就再也没有人见过她们了。

小艾多觉得这个故事讲到这里时最可怕。他想象着有一天自己被海盗掳走了，再也见不到爸爸和妈妈，而他们从此再也不知道他的下落的情景。不过阿平讲这个故事的时候，看起来一点儿都没有很惊恐的样子，相反地，他的表情非常平静。阿平这个人呢，平常就是这样，只有打群架的时候例外，因为跟人家打架的时候，他很容易就会出手很重，而且根本停不下来，即使其他人叫他"不要再打了"，即使他的身材其实并不高。所以，其他人都会想办法尽量不要找他打架。平常都是阿平的爷爷奶奶来校门口接他，阿平说他的爸爸妈妈去故乡旅行了，要很长一段时间才会回来。对于从来都没有见过阿平的父母这件事，小艾多还是觉得很奇怪。

小艾多的第三个好朋友名叫欧宏，他的爸爸妈妈也一样是从其他国家来的。欧宏的眉毛很浓密，类似阿瑟爸爸的浓眉，不过他的算术并没有那么厉害，拼音与自然科学倒是很强。他爸爸的工作是帮人家盖房子，妈妈则在幼儿园照料年纪较小的孩子。欧宏的爸爸有一辆很大的老爷车，车体表面已经有点儿凹凸不平了，轮子大得像卡车一样。欧宏说他爸爸平常去上班的时候，这辆车就是他的交通工具。有时候车子甚至会开到马路以外的地方去。小艾多很希望有一天他爸爸也能买一辆这种车，不过当然是要全新的，而且也不能这样凹凹凸凸的。

"今天在学校过得还好吗？"有一天，晚餐的时候妈妈问小艾多。

"是啊，还不错。"

"你最喜欢什么？"

小艾多觉得妈妈可能会希望他回答"老师放给我们看的影片"或"体育课"，不过他还是说："和同学们一起讲各式各样的故事！"

"很棒啊，小艾多！"他爸爸说，"和同学聊天，是上学最重要的一件事。"

"是这样吗？"妈妈说，"好成绩难道不重要吗？"

"啊，是的，"爸爸说，"当然重要！但是朋友也很……"

他解释说，每天都看到一些没有男性朋友或女性朋友的人到他的诊疗室来，或者是他们朋友不够多，或者都不是真正的朋友，有困难的时候没办法互相吐露心事。

"人生当中，朋友是非常重要的。"爸爸说，"人一旦没有朋友，有烦恼的时候就没有人可以说话；然后，他们心情就会很不好，或者是一个人生闷气。你懂吗？"

"懂。"

"所以，知道有一些朋友很爱你，是很幸福的事情。你懂吗，小艾多？"

"懂。"

这是真的，当小艾多看到好朋友等在那里要跟他一起玩耍的时候，就觉得自己很幸福。

　　"所以我很高兴知道你有一些要好的朋友。"爸爸说。

　　"我也是。"妈妈说。

　　"那么，有好朋友，比好成绩还要重要吗？"

　　爸爸和妈妈互相对看了一下。

　　"不，"爸爸说，"不是这样的。好成绩也一样很重要。"

　　"是啊，"妈妈也说，"你应该不会忘记吧，小艾多？"

　　"不会。"小艾多回答。

　　小艾多非常快乐。爸爸妈妈经常会因为他考出好成绩而感到高兴。不过为了这个，他可得忍受一些痛苦。现在，由于他

有一些好朋友，他们居然也很高兴，尤其是爸爸。而且这件事，他不必忍受任何痛苦！

晚上他在小本子上写道：

好朋友和好成绩一样，都很重要。

但后来，他觉得如果这么写的话，就好像是在特别取悦爸爸。于是，他又写道：

好成绩和好朋友一样，都很重要。

就这样，他很愉快地睡着了，心里觉得爸爸和妈妈应该都会很高兴才是。

宽　恕

　　就像我们之前讲的，基勇是一个成绩比小艾多差的学生，足球却踢得很好。有一天，这件事给了小艾多一个体验人生的机会。

　　他们下课的时候在踢足球。其实根本算不上是真正的球队，只是每边各有三到四个人，球门则用外套放在地上进行标示。小艾多与基勇是同一队的，当然，他们队上的所有球都是基勇踢进去的。小艾多试着帮他的忙，但连续两次，他都错过了基勇踢出来的好球，当他学着电视上得冠军的那些人一样，踢出很高的一球时，甚至还摔了一跤。

对面那一组，有两个人足球虽然踢得没基勇那么好，实力却也很不错。即使基勇有三次进球，小艾多这队还是输给了对方。

比赛结束后，那两个赢球的人当中，有一个开始耍起球来，模仿小艾多之前朝空踢了一脚，却没踢中球的模样。然后大家都狂笑起来，基勇也笑了，连基勇也跟其他人一起在笑他！

小艾多非常生气，气得都想哭了。接着他一整天都没有和基勇说话。

晚餐的时候，妈妈问他："你怎么啦，小艾多？"

"没事！"

"可是你一句话都不说。"

"没什么好说的。"

"啊，这就真的令我感到很意外了。"爸爸说，"通常你总是有许多事情要说。"

小艾多还是一句话都没说。现在如果讲起基勇的事，他一定会哭出来。

"你应该知道，如果有烦恼的话，可以说出来给我们听。"妈妈说。

"我知道。"

他们继续吃着晚餐，爸爸讲起他有一个同事午餐的时候总是喝很多酒，有病人来向他求诊的时候，他经常在睡觉。其中有一些人就过来把这件事说给他听。

"这实在很严重。"小艾多的妈妈说。

"是啊。"小艾多也说。

"但这样下去，他怎么还能继续工作呢？"

"他的病人很喜欢他，都没有去投诉……我是说现在。"

"但你们身为他的同事，为什么不去跟上级报告这件事呢？毕竟这会损害到病人的权益！"

"你是说要我们去举报自己的同事吗……"爸爸说。

"如果有同事做出不好的事情，你们不会去举报他吗？"小艾多问。

"这要看情形。"爸爸说，"我们会先试着劝他接受治疗。"

"但他自己就是医生了，该由谁来治疗他呢？"小艾多问。

"其他的医生。"爸爸说。

"说不定是你。"妈妈说。

"再看看吧！"爸爸说，"我会和其他人讨论一下。"

小艾多觉得这件事很有趣。在学校的时候，如果发生什么纰漏的话，老师和校长通常都会叫大家说出到底是谁干的，但现在他却看到在现实生活当中，爸爸和其他同事并不愿去举报另一个酗酒过量的同事，总之并不会立刻去举报。

稍晚的时候，爸爸到院子里去散步。小艾多也陪着他去。

"那么，你到底有什么事情不高兴呢？"

小艾多现在心情好多了。那个医生酗酒的故事，超乎寻常地引起了他的兴趣。他觉得自己现在已经可以把事情说出来而不会哭了。

于是他讲起踢足球时基勇和其他人一起嘲笑他的事。

"他再也不是我的朋友了，"小艾多说，"永远都不是。"

"不能这样，小艾多，你应该原谅他，虽然他当时的做法不太好。"

然后爸爸对他解释道，每个人心情不好的时候，包括爸爸和妈妈都一样，都可能会应对失常，而基勇当时因为输了比赛，所以心情一定是很糟的。

"就像你平常说错话一样，有时候我们也会做出不对的反应。这种事情每个人都会遇到，即使是朋友之间也一样。"

"反正我就是不会再跟他说话了。"小艾多说。

"不能这样，否则你也是在惩罚自己。还是原谅他比较好。你知道什么是原谅吗？"

"知道。"小艾多说，"原谅的意思就是，不再怨恨对你造成伤害的那个人，也不再想要惩罚他。"

"这就对了。如果你原谅他的话，就能跟从前一样和他当好朋友。"

"才不要，再也不会跟从前一样了！"

"为什么呢？"

"因为就算我原谅他，也没办法忘记他曾经和其他人一起嘲笑我。"

"这我同意，但是没必要一直都去想这件事。而且就是因为这样，你更得去告诉他，他已经伤害了你。"

"为什么？"

"否则，他可能永远都不知道。而且这样你就能看出他到底是不是真正的朋友。"

"要怎么看呢？"

"看看他是不是也因此而感到很难过，看看他心里是不是过意不去。"

隔天，小艾多看到基勇的时候，心脏跳得很快。不过他还是照着爸爸的话做了。

基勇看起来心里很过意不去的样子。

"我那天不是真的在笑你。"他说。

才不是这样，不过小艾多明白基勇之所以会这么说，是因为他心里过意不去。所以小艾多觉得很高兴。

"你足球踢得比我好，"小艾多说，"却不能因为这样就嘲笑我。"

"嗯，"基勇说，"但是我们输了，而且……"

"算了，没事，没事。"小艾多说，"你永远都是我最好的朋友。"

"你也一样。"基勇说。

晚上吃饭的时候，爸爸又提起那个喝酒过量的同事。他和另一位同事一起去找他谈了，对方表示愿意到一间专门帮人戒酒的医院去接受治疗。

"太好了！"小艾多的妈妈说。

"希望这么做对他有帮助。"爸爸说。

"是因为这通常都没有效吗？"小艾多问。

"不是一下子就有效。"

那天晚上小艾多觉得自己应该在小本子上写一些有趣的事。

每个人都会有应对失常的时候，即便是朋友也一样。

这时候就应该去找他谈一谈，如果对方的心里也很过意不去，那么还是有可能再当朋友的。

人生中，通常不是第一次就有效。

朋友、女生们，及阿曼汀娜

除此之外，小艾多还有一些交情相对没那么好的朋友，而其中当然也有女生。

但女生啊，实在是一个太过复杂的话题，没办法一次就讲完。

女生呢，实在是不怎么有趣，因为你不能跟她们玩，否则她们马上就会说男生欺负人。她们总是自己玩在一起，互相讲故事听，但说的并不是战争、异形或恐龙的故事，所以一点儿都不好玩。然而她们很容易就会产生看不起或嘲笑你的倾向。

就算你敢去和她们说话，也没有被她们嘲笑，但很可能就会有其他男生来嘲笑你。

不过，小艾多还是敢和某些女生讲话的，通常这些女生都是他认识的其他男同学的姐姐或妹妹，所以和她们讲话是天经地义的事，不会有被其他人嘲笑的风险。总而言之，和女生说话，对他来说真的不是一件很有趣的事。

事实上，小艾多只对一个女生感兴趣，她的名字叫阿曼汀娜。不过他从来没跟她讲过话，因为他不敢。

阿曼汀娜的头发是褐色的，有一双蓝眼睛，总是以一副来自外层空间的眼神看待周遭的所有人。她和小艾多不同班，所以他根本找不到任何自然而然的理由去跟她说话，而且她也不是他哪个朋友的姐姐或妹妹。更何况阿曼汀娜总是和女生在一起玩。

小艾多经常幻想着，有一天他终于鼓起勇气去和阿曼汀娜说话了，但日子一天接着一天过去，他还是不敢。于是他试着说服自己，这根本没什么好难过的，因为阿曼汀娜一定是个笨蛋而且不怎么有趣。不过这样想实在起不了什么作用。

他的朋友们处理跟女孩子之间的关系，也没有比他高明多少。只有对数学很有兴趣的阿瑟例外。有两三个女生会和他讨论数独或其他数学上的小问题，不过到了最后都变得有点儿像是在玩女孩子间的游戏。

欧宏曾试着去跟女生说话，不过整体来说并没有得到很好的礼遇。从此之后，他就表现出一副对女生完全不感兴趣的态度。

至于阿平呢，就真的是看起来对女生一点儿兴趣都没有的样子了。不过小艾多发现，每次有个高他们一个年级的女生经过时，阿平都会盯着她瞧。她的名字叫小玉，有着和他一样的眼睛。

和女孩子们最熟的，应该算是基勇了。小艾多刚开始以为这是基勇足球踢得最好的关系，但女生们对这个根本没什么兴趣。所以，原因并不是只有这样。他和她们说话的方式很有技巧。他总会跟她们开一点儿小玩笑，不过从来都不会太过头。所以，她们都很喜欢他，小艾多甚至发现，其中有几个女生也会用他看阿曼汀娜的眼神看基勇。

幸好，基勇不太注意阿曼汀娜，因为小艾多觉得，与一个从来都不敢去和她说话的人相比，她说不定会更喜欢基勇。

总之，阿曼汀娜的事情，开始在小艾多的心里占据越来越大的位置。

晚上躺在床上睡觉前，他幻想着阿曼汀娜被一个可怕的异形跟踪，而他则刚好赶到。他把身子挡在前面保护她，用剑杀了那头怪兽。不过他受了伤，流了很多血。阿曼汀娜俯身看着他，将他抱在怀里，那时候他意识已经不太清楚了，于是猛然从床上坐了起来，叫了一声："我的天哪！"

他也幻想过有一天她游泳游得太远了，他把快溺水的阿曼汀娜给救了起来。然后，他从水里冒了出来，弯下腰来将她揽在怀里。他看着她的距离是如此接近，所以这时候也一样，他从床上坐了起来，大叫一声："我的天哪！"

有一天晚上他想写作业，却无法定下心来。爸爸那时候也在客厅里，坐在他对面的沙发上读一本书，不过很奇怪，他发现爸爸好像也一样没办法专心读手上的书。

于是，这对父子对望了一眼。

"你在想什么？"爸爸问。

"想阿曼汀娜。"小艾多回答。

不过同时他却暗叫一声："糟糕！"原本他不想跟爸爸妈妈谈论阿曼汀娜的事情，现在已经太迟了。

爸爸又问了他一些阿曼汀娜的事，小艾多便全都对他说了，包括她的褐色头发、蓝色眼珠，以及她老是以来自外层空间的眼神来看待身边所有人的样子。

"你从来没跟她说过话吗？"爸爸问。

"没有。"小艾多说。

他觉得有一点儿丢脸。

"听着，如果你真的很想和她说话，就鼓起勇气试试看！"

小艾多当然也曾有过这种想法。

"话是这么说没错，但我要跟她说些什么呢？"

"对她说出你真正的想法。说你很久以来一直都想跟她说话，说你觉得她很漂亮，说你希望多知道一点儿跟她有关的事，告诉她你的名字叫艾多。"

"哎呀！这样她会笑我的。"

"说不定会，也说不定不会。"

"但是如果她笑我呢？"

"那你就告诉她，你觉得她的心肠不是很好，然后就赶快逃走。"

"哎呀！"

爸爸思索了一会儿。

"如果你上战场的话，是不是很可能会受伤？"

"是啊，有可能，但我还是会去。"

"那就对了，这件事也一样。就算她笑你，也总比你一直都不敢去和她说话好。"

"基勇就随时都敢和女生说话。"

"那么她们会不会笑他？"

"有时候会，但他一点儿都不在意。"

"这就对了！"爸爸说，"和女生在一起的时候，态度要好一点儿，同时，不管她们有没有笑你，你也必须装出一点儿都不在意的样子。"

稍晚，躺在床上的时候，小艾多把爸爸告诉他的话想了又想。

他把小本子拿了出来，试着记下来。

和女生在一起的时候，态度要好一点儿，而且要把心里的话说出来。

是的，话是这么说没错，但他到底想跟她们说些什么呢？他幻想自己和阿曼汀娜在一起的时候，一句话都没说，只是救了她一命，就这样而已。接着，当他救起她，两个人可以开始说话时，他就已经没意识了，只能大叫："我的天哪！"

和女生在一起的时候，如果她们笑你的话，要装出一点儿都不在意的样子。

这会儿，为了看看自己是不是能够一点儿都不在意，他试着想象阿曼汀娜正在嘲笑他的情景。然后他又在床上坐了起来，大叫："我的天哪！"

天分及自主能力

　　就如同我们之前提到的，小艾多每一科的成绩都很不错，尤其是作文及自然科学，就跟欧宏一样，不过成绩总是比他还要好一点儿。相反地，在算术方面，阿瑟几乎每次都赢他。至于阿平呢，大约每科成绩都中等，算术方面则和阿瑟一样强。

　　其实在班上，有些学生成绩好，有些成绩中等，当然也有一些是成绩差的。

　　老师对成绩差的学生说话时，总是不太客气。甚至连下课时间，小艾多也发现那些成绩差的学生总是在一起玩，只有基勇和几个成绩好的学生交情还不错，不过说真的，在踢足球这方面，他也算是表现得很好的了。有一些成绩好的，甚至是成绩中等的学生，总会嘲笑成绩差的，尤其是那些没什么朋友的人。

其中有两个成绩特别不好的，就是欧仁和维多。

欧仁是个小胖子。光是这一点，就经常被大家嘲笑了，大家还给他起了一个绰号叫"肥球"。他上课时从来不认真听讲，成绩总是考得很差。而且，他妈妈也不是世界上最漂亮的，甚至差得可远了：她也一样，胖得可以叫作"肥球"。对欧仁来说，幸亏还有另一个成绩也很差的朋友：维多。他呢，身材又高大又结实，不过这很正常，因为他比班上大部分的同学都大两岁。因此，大家都不太敢嘲笑维多，或者应该说从来不敢当面笑他。不过，即使老师对他说道："维多，你考得实在是太糟糕了。"他看起来也总是一副对成绩一点儿都不在意的模样。小艾多觉得他可能真的是个白痴，连老师说的话都不在乎。放学时都不是爸爸妈妈来接他的，而是他的哥哥，不过根本没有谁敢笑他，因为他哥哥不但又高大又结实，看起来也是一副很凶的样子。他的经济状况应该还不错，脖子上总是挂着一条金项链。

有一天小艾多成绩考得很好，很高兴地回到家里。

晚上，他对妈妈说："我是全班第一名，每一科都考得很好。"

"太好了，妈妈真为你高兴。"

"我的作文成绩甚至比欧宏还好，算术也和阿瑟一样强。"

"欧宏，就是那个家里有一辆大卡车的孩子吗？"

"没错！"

"哎呀，这孩子还真是有天分。"

"那我呢？"

"对啊，你也一样。"妈妈说。

不过她看起来好像在想别的事情的样子。

小艾多不是很高兴。他感觉得出来，妈妈认为欧宏比他还有天分，不过他实在不知道这是什么意思。

"为什么你觉得他比我还有天分呢？"他问。

"关于'天分'，小艾多……我并没有要让你难过的意思。"

妈妈对他做了一番说明。欧宏的爸爸妈妈是还在读书的时候就从国外搬来这里的。在家里，他们讲的还是自己国家的语言。并且，他们在讲小艾多与他爸爸妈妈说的这种语言时，还是有一种很奇怪的口音，就像小艾多在校门口听到的那样。

"你呢，从小时候开始，就一直在家里听我们讲很标准的语言。所以对你来说，讲话讲得好，或是作文写得好，并不是什么困难的事。对欧宏来说可就不一样了。我就是因为这一点，才认为他的作文成绩那么好，算是很有天分。"

小艾多听懂了。

"他的确很有天分，不过我毕竟还是成绩最好的！"

"是啊，这当然。"妈妈说。

晚上吃饭时，爸爸问他考试考得如何，于是小艾多又把自己得到好成绩的事情说了一次。

"但是妈妈说，欧宏很有天分。"

"啊，你跟他提到天分这回事吗？"爸爸问妈妈。

"是啊。"妈妈说。

"那么假如欧宏的成绩并不是那么好的话，是不是还是一样很有天分呢？"爸爸问。

小艾多最喜欢爸爸问他问题了，因为他觉得这都是他体验人生的最好机会。

"那代表他并没有那么用功。"

"或者，"爸爸问，"如果你勤加练习的话，足球是不是就能踢得比基勇好呢？"

"不能。"小艾多回答。

他经常思考这件事，不过他很清楚这是不可能的。他已经接受自己足球永远不可能踢得很好的事实，不过他很快就忘掉这件事了，因为他从来没想过要当足球运动员。

"如果欧宏已经很用功了，但成绩还是不太好，那就意味着，他在作文方面，其实不是很有天分！"

"这就对了，小艾多。不过他成绩很好，对吧？"

"没错。"小艾多说。

"所以说，欧宏如果成绩很好，可能是因为他很用功，也可能是因为他很有天分，或者两种原因都有。"

"是的。"

"艾多！"妈妈叫了爸爸。

"假如他很用功的话，那么是谁教他的呢？"爸爸问。

"嗯，是他爸爸妈妈吗？"

小艾多想起欧宏曾说过，他爸爸整天都在工作，而且总是对他说："欧宏，功课写完之前不能休息，要先写完才行。"

"是的，是他爸爸妈妈教他要用功的。或者，假如他很有天分，就像基勇很会踢足球一样，这种天分是怎么来的呢？"

"嗯，他生下来就这样了。"

"亲爱的，我觉得你不该再讲下去了。"妈妈对爸爸说。

"如果他生下来就这样了，那么是从哪里来的呢？"

"嗯，是从他爸爸妈妈那里来的吗？"

"这就对了！"爸爸对小艾多说，"如果他知道要用功，都是因为他爸爸妈妈的关系；如果他很有天分，也是因为他爸爸妈妈的关系。也就是说，并不是他自己本来就会的。"

"不要再讲了，我知道你想说什么。"妈妈对爸爸说。

小艾多开始了解爸爸的言外之意了：年纪还小的时候，一切都是父母给你的。

"所以，欧宏根本就没有天分嘛！"

"拜托，小艾多，'根本就没有天分'这回事……如果你这么希望的话，"爸爸说道，"那么，你也一样并没有天分。"

"艾多！"妈妈叫道。

"所以，成绩好的人，都没有天分吗？"小艾多问。

"没错。"爸爸说，"那么成绩差的呢？"

"嗯……也一样。所以，也不是他们的错？"

"这就对了！"爸爸说，"不管成绩好或不好，都不是个人的错。"

"艾多！够了！"妈妈叫道。

接下来的晚餐就在谈论其他事情中结束了，小艾多觉得妈妈有点儿生爸爸的气。

稍晚些的时候，他们全部都在厨房里。妈妈替自己斟了当晚最后一杯酒，爸爸则帮忙将餐盘放入洗碗机。然后她对爸爸说："你这样子，不就让我们的儿子以为，人生当中，并没有什么事情是天分造成的？你是不是想把他教成一个不负责任的人？"

"不，我只是想教他不要随便评断别人。"

"你的职业倒是让你看尽人生百态啊！"妈妈一边说着，一边又替自己倒了一杯酒。

"这是有可能的，亲爱的。不过你也知道，无论教育或天分，原因总是出在父母身上。"

"所以，你根本就否定后天努力的效果啰？"妈妈问。

"当然不是，正好相反。不过，问题还是在这里，后天努力的能力，又是怎么来的……"

"所以你不相信自主权，也不相信自由意志？"

"这倒是，我不是很相信这些。"爸爸说。

"对你来说，为善和为恶，人并没有自主能力？"妈妈问。

小艾多觉得善与恶，对妈妈来说是一件很重要的事。

"我比较倾向于认为没有。就算我们有某些自主能力，我也认为影响并不是很大。"

妈妈的表情像是稍微思考了一下，然后说道："现在我终于明白你的意思了。既然某些人之所以会那样，并不是他们自己的错，那么根本就不该对罪犯处以刑罚了。"

"啊，当然要，如果不处罚那些做坏事的人并补偿好人，那么社会是无法运作的。所以对于那些为大多数人谋福祉的行为，一定要加以鼓励才行。"

"你总是依某个行为的结果来评断它的价值。真是无可救药的功利主义者啊！"妈妈说。

然后她喝光了杯里的酒。

"那你呢？你相信人性本善，相信自由意志，你才是康德的信徒呢！"爸爸一边举起杯子一边这么说，就好像在和妈妈干杯一样。

"我又不是现在才这样。"妈妈说。

"什么是'事情的后果'？"小艾多问，一边也趁机给自己倒了一杯柳橙汁。

爸爸妈妈看了他一下。

"你做某件事情的时候，接下来的一切都会受到这件事的影响。"妈妈说，"比方说，如果你一直打电玩游戏而不复习功课，那么成绩就会考不好，这样明白了吗？"

"明白。"

说真的这还真难，因为电玩游戏实在比功课好玩太多了。

"所以做任何事情之前，一定要先想想会有什么结果。你会永远记得这番话吗，小艾多？"

"你的意思是不要'超越该有的行为'吗？"妈妈问。

"是的，"爸爸笑着说，"没错！这就是我每天都在讲的。"

爸爸解释道，他平常帮助的那些人之所以会来见他，就是想要先思考一旦做了某件想做的事，会有什么后果，比如说离婚。

小艾多觉得这又是人生当中的另一个大课题了。

这时候爸爸抬起妈妈的手，妈妈则任由他这么做。

小艾多很高兴，他很清楚地感觉到，这次的争吵并不是真正的吵架。爸爸妈妈假装彼此是在吵架的样子，其实是有一点儿在开玩笑。

他曾经听过一次爸爸妈妈之间真正的争吵，当时他实在太害怕了，直到现在都不敢再去回想。

"好了，小艾多，大家都喝得够多了。我想睡觉时间已经到了。"爸爸说。

"'功利主义者'是什么意思？"小艾多问。

"意思就是说，依照某件事情的后果，来评断它到底好或不好。"

"那么'康德的信徒'又是什么意思？"

爸爸妈妈互相对看。这一次轮到妈妈来解释了。

"这个意思是说，做某件事情之前，必须先自问，如果每个人都做同样的事会怎样。这么一来，我们就知道这件事到底好或不好了。你还记得我以前说过的，关于作弊的那些话吗？"

"记得。"小艾多说。

他其实也记得爸爸说过的那些话，不过他知道现在并不是把那件事说出来的时机。讲话的时候，千万不能忘记对象是谁。

"那么该由谁来决定什么是对，什么是错呢？"小艾多问。

"这就是问题所在了……"爸爸说，"不过对你而言，我们告诉你什么是对的，那就是对的。"

"但如果你们两个有不同的想法呢？"小艾多问。

爸爸和妈妈互相对看了一下。突然，两人笑了起来，不过小艾多知道他们并不是在笑他，他们看起来都很开心的模样。

"好啦，"爸爸说，"现在，你也知道有一件事情是对的，而妈妈也会同意的，就是你应该去睡觉了。好不好？"

"好。"小艾多说。

不过他躺在床上时，又开始思考起来，觉得很兴奋。

他觉得爸爸对于天分这件事说得很有道理。比方说，肥球之所以那么胖，都是他妈妈的缘故：有可能因为他长得像她，也有可能是因为她教他乱吃东西，而没有像小艾多的妈妈那样要求他多吃蔬菜。比方说阿平的眼睛是单眼皮……比方说阿瑟算术很好，有可能是因为他天生就这么厉害，也可能是因为他爸爸妈妈的关系……比方说基勇的足球踢得很好，就更是这样没错了！小艾多想起有一天自己去过基勇家。那是一间很小的公寓，一进门就能闻到煮菜的味道，可能烹饪的地方就在他们家的客厅里。他看见墙上有一张基勇爸爸的相片，当时他很年轻，是和球队里其他足球选手的合照！

他打开自己的小本子写了起来，从最难的开始写，因为怕自己很快就会记不清：

> 人生当中，做任何事情之前，都要先思考接下来会发生的事。这就是所谓的后果，而且非常重要，尤其如果你是个功利主义者的话。

一个康德的信徒，则会考虑是不是每个人都会做同样的事。

接下来，他又回到有没有天分这个主题，因为他觉得这也很重要。

我们之所以会成为自己这个样子，都是因为父母的关系。所以，并不是任何人的错。

而欧宏呢，他并没有拥有天分的天分。

那么，他自己呢，如果他考了不好的成绩，是他的错吗？这实在是个太难思考的问题。于是，他就睡着了。

希望能做好事

下课的时候,全班最高的维多(因为他比其他人都大上两岁,所以这根本不是什么天分的问题),还有最胖的欧仁(这并不是他的错,因为他妈妈也很胖),经常在一起玩。

不过这一天维多不在,因为他没有好好回答督学的问题,所以被禁学一天。没有人知道他说了些什么,但一定是回答得不怎么漂亮。欧仁突然之间感到有点孤单,于是试着来找小艾多及他们这一群好朋友玩。不过很快地,大家都开始嘲笑起他来。

"你们看,肥球来了!"

"他会吃光我们的点心!"

"他的脸颊看起来就像我的屁股。"

这让所有人都大笑起来。只有小艾多例外，自从听过爸爸那番话之后，他就思考过这个问题。他现在知道，肥球，抱歉，应该说是欧仁，长得那么胖并不是他自己的错。有可能他生下来就是这样，也有可能是因为他妈妈没有教他要怎么吃得健康。而且见过他妈妈的人就会知道，说到底她自己可能也不懂得要怎么好好地吃东西。所以说，她又怎么会有办法教他呢？

对于被大家嘲笑这件事，欧仁试着装出一副很好笑的样子，不过小艾多看得出来他心里是难过的。他从来没有喜欢过肥球，抱歉，应该说是欧仁。首先，因为欧仁是个成绩很差的学生，而且他也讲不出什么好玩的故事，再加上他总是和大家都有点儿害怕的维多混在一起。但小艾多不希望看到别人受苦。这一点他可能是受到了爸爸或妈妈的影响。

过了一会儿，欧仁便离开，到别的地方去玩了。小艾多对他那些好朋友和普通朋友说道："如果因为欧仁很胖就嘲笑他，是不对的。"

"可是他长得那么胖又不是我们的错！"基勇说。

"应该说长得很巨大。"欧宏说。

"超级巨大。"阿瑟说。

"超级超级肥胖又巨大。"阿平说。

"胖子中的胖子。"另一个来和他们一起玩的，又补上这么一句。

所有人都哄然大笑起来，当然小艾多除外。他想让大家明白："长得那么胖，并不是欧仁自己的错！"

"是他的错，因为他吃得太多了！"

所有人又继续大笑起来。

"你说的没错，"小艾多说，"不过他之所以吃太多，是他妈妈的错，而不是他的错。"

"他妈妈的错？"

"当然啊，你见过他妈妈吧？"

"胖子中的胖子……"

于是大家又从长得很巨大、超级巨大讲起，然后小艾多便开始生气了。

"不要再讲了！"

大家都很讶异，因为小艾多几乎是从来不生气的。

"如果肥球，抱歉，应该说是欧仁，长得很胖，那是因为他生下来就是这样，这是从他妈妈那边得来的，因为她也很胖。也可能是因为她没有教他要怎么好好吃东西。这并不是他的错。所以，为了这件事而嘲笑他，是不对的。"

"但我们会笑他，是因为他很无聊，讲不出什么有趣的话来，而且他总是和维多混在一起。"

"对，你说的没错，但长得那么胖，并不是他自己的错！"

那些好朋友因为知道小艾多生气了，所以都不再讲了。其他人本来还想继续拿肥球及帮他说话的小艾多开点儿玩笑，不过由于看到欧宏、阿平、基勇和阿瑟都住嘴了，也就打消了念头。

小艾多对自己的表现感到很自豪，他觉得自己已经完全明白爸爸说的那番话，而且自己解释得很好。

然而隔天，他看到欧仁和那个身材高大的维多朝着自己走过来时，就高兴不起来了。肥球，抱歉，应该说是欧仁，看起来一副很生气的样子。

"听说你在嘲笑我妈妈？"

"没有，事情不是这样的……"

但小艾多根本没机会辩驳，因为维多过来对他甩了一个耳光，使他倒在了地上。维多压在他身上时，他试着爬起来。就在这时候，他听见督学的声音："发生什么事了？"然后维多就住手了。

"发生什么事了？"督学走过来问。

"我跌了一跤。"小艾多说。

爸爸曾经告诉过他，打小报告是很不好的事情。

欧宏和阿平都看到刚才发生的事了，正想赶过来帮他，不过那时候上课铃声正好响了，于是大家都回教室去了。

因为维多那个巴掌的关系，小艾多的脸颊很痛，不过他很小心地不让自己哭出来。但他开始因为维多而感到有点儿担心。

晚上，用餐时，他什么都没说。不过，他还是找了机会问："对别人好，到底有什么用呢？"

"你是说，有什么用吗？"妈妈问。

"是啊，为什么这比对人家很凶还要好呢？"

爸爸和妈妈互相对看了一下。

"我们如果对人家好，人家也会对我们好。"妈妈说。

"也不一定是这样啦……而且恕我直言，我觉得这个结论实在太功利主义了。"爸爸一边笑一边说。

"你说的没错。"妈妈说，"小艾多，我们之所以要对别人好，是因为这是在做好事，你记得自己在主日学[①]上学过什么吧？"

小艾多只记得其中一段！耶稣曾经说过，如果有人打你的右脸，左脸也要转过去让他打！

"所以，如果我们右脸被人家打了，是真的要把左脸也转

---

① 主日学是基督教教会于星期日早上在教堂内进行的宗教教育，一般在主日崇拜之前或之后举行。

过去让他打吗？"小艾多问。

"嗯，"妈妈说道，"耶稣的确是这么说过。"

"克拉拉……"爸爸叫道。

"但是不可能有人跟耶稣一样，这实在太难了。"妈妈说。

"有人打你耳光吗？"爸爸问。

"没有，"小艾多说，"我这么问，只是想多知道一点罢了。"

他对自己说道，假如这时候把肥球和维多那件事说出来，事情就会变得很复杂，老师、督学和学校的辅导老师都会找他们洽谈，但到头来下课时会在走廊遇到维多的，还是他自己。

"如果有人打你耳光的话，"妈妈说，"一定要告诉我们。知道吗？"

小艾多发现妈妈很担心。要是妈妈亲眼看见维多打了他一个耳光，一定会狠狠地回敬对方两个。妈妈对耶稣非常虔诚，而耶稣也说过要把另一边的脸颊转过去让别人打，不过他很确定妈妈为了保护他，无论对方是谁，都会打回去。他现在再次感受到妈妈爱他的程度了。

"如果有人欺负你，一定要告诉我们，知道吗？"爸爸说。

"好，我知道了。"

他是答应了，但可没答应什么时候会说，所以，今天这件事情，他暂时不会说出来。

晚上他在自己的小本子上写道:

即使你试着要对人家好,也没办法阻止其他人凶巴巴的。

在宗教信仰当中,对别人好是一件好事。

如果我们对别人好,是希望别人也能对我们好,就成了一个功利主义者。

要做到和耶稣一样,实在太难了。

老师及圆桌骑士

    小艾多总是说自己在学校里有两种生活。一种是和朋友们在一起的生活，也是他爸爸觉得非常重要的；另一种是上课的生活，则是妈妈非常重视的。不过至少在这方面，他一点儿都不必担心维多的威胁。

    今年小艾多班上换了一位男老师，不像去年一样是个女老师。他很喜欢以前那个女老师，她的眼睛是浅栗色的，跟他妈妈有点儿像，而且从来都不生气；她的声音非常温柔，就算这样，上课的时候全班还是非常安静。不过这会儿小艾多升了一个年级，而这就是人生，就像爸爸说的那样，所以他现在有了一个男老师。

这位男老师也很年轻，与小艾多的爸爸妈妈年纪差不多，不过头发已经灰白了。他头发很多，发型有点儿像妈妈钢琴上摆的那个音乐家塑像。老师的鼻子很大，表情看起来有点儿忧郁，笑起来却很帅，虽然他很少微笑。小艾多发现班上的女生都很喜欢这位男老师，她们都说"他实在太帅了"，而这也使小艾多有点儿不太高兴。不过他同时也知道老师其实人很好。有一天，他听到妈妈称这位男老师为"浪漫的诗人"。小艾多不太明白，因为老师并不会写诗，不过这应该代表他妈妈也很喜欢这个老师。说不定只要好好观察他的一言一行，就能多学到一些人生中的经验。

早上的时候，老师经常一脸疲惫，有点儿像是晚上都没睡觉的样子。于是他就会出习题给大家做，老师自己呢，则是稍微休息一下，看他自己的书。不过也有可能他根本不是在休息，因为这时候他总会在小册子上记录一些东西，就好像他也在写作业。

不过如果没有那么疲惫的话，他总是会用很生动的方式来讲课。例如，他会问道："到底是谁向你们证明地球是圆的呢？"他会认真听大家回答：我家有个地球仪；是我爸爸说的；我在电视上看到的；如果地球不是圆的就不能运转了。接着，他就会对大家解释，第一个证明地球是圆的人，是很久以前的一个希腊人。希腊是欧宏父母祖国旁边的一个国家。希腊曾经是一个非常重要的国家，有很长一段时间对世界上的其他国家贡献很大，出产过许多美丽的雕像，就是他们全班曾一起在博物馆里看过的那些，那里还有一些饰有圆柱的宏伟神殿。不过，后来这种情况就改变了：现在希腊最有名的是黑橄榄、绿橄榄，用来做色拉的，还有咸死人的奶酪，以及为数众多的度假小岛。

"有一天这也有可能是我们的命运。"老师用他那种迷死女生们的忧郁神情说道。

老师在黑板上画了一些图案，说明古代那位希腊人如何借助正午时分观察圆柱的影子，发现地球是圆的。

老师非常喜欢希腊。小艾多的爸爸妈妈曾对他说过，夏天的时候老师都会带人到希腊去度假，为他们解说一切。而且，老师正在准备一项很难的考试，通过之后才能在课堂上讲希腊的事情给比小艾多这一班年级还要高的学生听。所以，说不定有一天老师会离开学校，而那些很喜欢他的学生就再也见不到他了。这就是人生，不过总是比离婚好多了。

老师给欧宏的作文打了很高的分数，刚好可以证明他并不是个爱记恨的人，因为小艾多知道欧宏的祖国和希腊打了不少仗，甚至到现在还没完全停战。

至于算术呢，大家都觉得老师对这个没什么兴趣。有一次，阿瑟甚至发现他在黑板上的运算有错误。于是老师便称赞他很棒。

小艾多曾猜测过，老师应该有很多种不同的生活，课堂中的一切只是他生活中的一部分。所以他很好奇老师在课堂外是什么样子的。通过小心的观察，就像电视上的侦探一样，他终于发现了一些蛛丝马迹。

早上的时候，老师总是一脸忧郁和疲惫，不过到了下午就比较有精神了。会不会是他每天都太晚睡觉的关系？

老师手上没有像小艾多的爸爸妈妈一样戴着戒指，所以他还没结婚。那么他有没有要好的女朋友呢？

老师有一个布制的小手环，上头还穿着一种石子，可能是从希腊带回来的。

他们住的那座城市选出一位女市长那天，老师并没有像小艾多的爸爸妈妈一样去投票，他看起来特别疲倦。后来，他不但累得把书掉到脚上，还说道："今天还真不是好日子。"

老师也不是很喜欢美国，因为他有时候会叫学生们不要再看那些美国影片了。小艾多把这件事说给爸爸听，爸爸说就某些影片而言，老师讲的并没错，不过现在有很多来自美国的新概念，就有点儿像古时候希腊人所扮演的角色。

后来，有一次的作文是要大家写最想去的国家，小艾多差一点儿就写"美国"。不过他还是打消了念头，因为他想起自己人生当中学到的第一课：

> 讲话的时候，千万不要忘记对象是谁……
> ……写作文的时候，也是同样的道理。

　　而且小艾多也觉得老师蛮喜欢他的，首先因为他在课堂上表现得很好，也很用功。再来是因为有一天老师问小艾多是不是知道"艾多"这个名字的由来。小艾多听到老师问这个问题觉得很高兴，因为他当然知道。

　　"艾多是特洛伊战争最英勇的阿斯提亚纳克斯的父亲，也是安德萝玛克的丈夫。"小艾多说。

　　他很骄傲自己知道这些，而且觉得自己的名字很有意义，可以让人家学到一点儿东西。

　　"而且艾多也是个好丈夫与好父亲。"老师微笑地说。

　　这是真的。爸爸甚至也讲过这个故事给小艾多听，场景是艾多戴着头盔与护胸甲重返战场之前，先来与自己的太太及幼子道别。当时年纪很小的阿斯提亚纳克斯，很怕看到他爸爸那顶头盔及上头的羽饰，于是躲在妈妈怀里，当父亲的则试着安抚他。

　　小艾多自己呢，则几乎从来没怕过自己的爸爸，所以他很确定自己长大以后一定会变得更"英勇"。

"艾多是一位伟大的战士，"老师说，"但是他并不愿引发战争。他所做的一切都是为了阻止特洛伊人与亚该亚人之间的互相仇杀。他觉得战争是一件很可怕的事。孩子们，你们以后一定要记得这件事。一个人可以是非常勇敢，但又反对战争的。"

"而且不能杀掉战俘。"小艾多说。

"对，这是真的。"老师说，"艾多从来不杀战俘。"

"就像圆桌骑士一样！"阿瑟说。

小艾多感到很讶异，他根本不认为艾多和中世纪的历史有什么关联，不过他很快就明白阿瑟为什么会这么说了。

"没错。"老师说，"那么阿瑟，你这个名字的起源是什么呢？"

"阿瑟是大不列颠神话里的一个国王！"阿瑟回答，然后又接着滔滔不绝地说了起来，仿佛已经背得滚瓜烂熟一样，"圆桌骑士都是他的好朋友，包括兰斯洛特·加龙省、高文、波瑟瓦、崔斯坦、李奥耐尔、伊凡、萨格拉穆尔、佩利诺尔、杰兰特、帕哈梅德、莫德雷德……"

阿瑟说完了。小艾多觉得他的记忆力实在太惊人了。老师看着他，什么都没说。

"嗯……还有雷欧达刚、梅莱刚、拉摩拉克、凯、修博尔特、吉尔弗莱特……葛雷、加勒侯……还有加拉哈德……"

大家都看得出来，阿瑟应该想不起其他名字了。

"太棒了！"老师说，"孩子们，这就是一个学习历史与地理的好方法。大家都应该对自己名字的起源感兴趣才对。"

小艾多很希望老师也请阿平和欧宏讲讲他们的名字，因为这样一定能让大家学到很有趣的知识，但老师却说道："那么，你们知道为什么圆桌骑士的桌子是圆的吗？"

没有人回答。连阿瑟也看起来一副不知道的样子。

"这是为了表示他们之间都是平等的。"老师说，"他们每个人的座位离桌子的圆心都是同等距离。只有表现得很好的人才有权利坐在那张桌子前，而不是依照出身或财富来判定。

被选上的人都有他的天分。"

小艾多心想，不晓得自己现在该不该说明，那些骑士其实根本没有天分，他们之所以会有那些成就，可能都是因为父母的关系，因为他们的爸爸原本的身份就是骑士。或者，他们生下来就都既强壮又有勇气，不过这也还是他们父母的缘故。然而他告诉自己，这个到底有没有天分的话题，已经对他造成很多困扰了。于是，他决定什么都不说。

"那么，那些骑士到底是怎么立下功绩的呢？"欧宏问。

"他们一定是把所有的敌人都杀光了！"阿平说。

"不是！"老师说，"身为骑士必须要很勇敢，应该说战斗的时候要很英勇，但也要遵守规则。"

"哪些规则呢？"小艾多问。

他想知道是不是跟他妈妈立的那些规则一样：如果每个人都做这件事也会有很好的结果，才能去做。或者是跟他爸爸的规则一样：做了这件事的结果如果是好的，就可以去做。

"比方说，"老师说，"在一对一的决斗当中，如果敌人倒了下来，骑士会等对方站起来之后再继续决斗。"

小艾多想起来了，他在电视上看过这个。电视上那位很有风度的骑士，会先等对手站起来，不过当这位很有风度的骑士被击倒时，相反地，那个凶恶的对手却趁机对他展开更多的攻击。

"假如骑士礼让对手站起来,最后却被对方杀掉呢?"阿平问。

"这个,是的,的确有可能发生。不过,对骑士来说,遵守规则比生命还重要。"

小艾多心想,那么骑士一定不是功利主义者。

老师又继续说了下去。大家都感觉得出来,骑士和战争这个话题,老师觉得很重要。

"只有为了保护弱者而对抗恶人的时候,骑士们才会跟人决斗。而且他们从不说谎。"老师看着小艾多说。

小艾多心里觉得很不好意思,自从上一次的事情之后,他还是为了帮基勇而小小地作过弊。他心想,不晓得老师是不是已经发现了。然而说到底,他帮助基勇,其实也是在帮助弱者,因为基勇在拼字方面的表现也算是有点儿弱。所以,他做的事情其实就像那些骑士一样。或者可以说像聪明的尤里西斯一样,老师看起来也很喜欢尤里西斯的样子。他想起来了,这个人物为了保住自己和朋友们的小命,很擅长使用说谎和骗人的手段。

这一切,说明历史课和地理课还是很有趣的,能让人动动脑筋。

晚上小艾多在本子里写道:

战争是很可怕的，爸爸妈妈和老师都不喜欢。

帮助弱者的行为，就跟骑士们做的事一样。

骑士都很遵守规则，就跟妈妈一样。

尤里西斯是个功利主义者，就跟爸爸一样。

没有得到回报

　　对小艾多而言，学校的生活开始变得不太好了。现在他总是觉得有点儿怕维多，所以，课间他都和好朋友们待在一起，包括欧宏、阿平和阿瑟。而维多从远远的地方看见他们聚在一起，总会嘲笑个老半天。

　　阿平背负使命去见了肥球，抱歉，应该说是欧仁，告诉他小艾多嘲笑他妈妈那件事并不是真的，但欧仁根本不想听，而且维多还叫他这个黄种人滚开，否则也要赏他一个巴掌。从远远的地方看过去，小艾多和其他人都以为阿平就要跟维多打起来了，但其实没有，他又回到小艾多这边来了。他肩负一个任务，把欧仁的话带回来给小艾多，而没有打架。

事实上，课间并没有发生太多事情，问题比较多的反倒是上课铃响回到教室，或者是走出教室的时候。维多老是试着靠近小艾多，一旦得逞就会在他的小腿上踢一脚，虽然别人都看不见，但很痛。他也会企图把小艾多从楼梯上推下来。小艾多不得不越来越小心，才不会被维多给逮到。大部分的时候小艾多都能躲开维多，但并非永远都那么幸运。

因为维多的缘故，他开始很怕去上学。

他很认真地考虑过，是不是要把这一切都告诉爸爸妈妈，不过这么做又能改变什么呢？到时候爸爸妈妈会去找老师谈，然后大家就都知道这件事情了，他就会被大家当成告密者，而这一切并无法阻止维多在没人看见时踢他一脚或打他一巴掌。也许，维多会因此被学校禁止上学一天或两天，这也是应该的，但等他再回到学校之后呢？

"小艾多，你是不是有什么烦恼？"

是妈妈在跟他说话。虽然他自己并不知道，但每次他有烦恼的时候，爸爸妈妈都看得出来。爸爸也盯着他瞧。这个时候是礼拜天晚上，也是他心里最烦恼的时候，因为隔天又得上学了。

他终于如实告诉爸爸妈妈了，班上有个高个子的同学让他很害怕，而且不停地欺负他。

"为什么会这样呢？"妈妈问。

"不为什么。他看我不顺眼，原因就这么简单。他就是这样。"

小艾多不想把肥球的妈妈很胖、不过那并不是她的错、而肥球并不是生下来就那样的故事全都说出来，他觉得这或多或少会让爸爸妈妈为有没有天分这个话题而争吵起来。

艾多和克拉拉对看了一眼。

"你有没有告诉老师？"克拉拉问。

"没有。"

"那么就得由我来告诉老师了。"

"不要！"小艾多说，"这样大家都会知道这件事是我说的，他们就会把我当成告密者！"

"你有没有打过他？"爸爸问。

"艾多！"妈妈叫道。

"没有。"小艾多回答，"他个子比我高。"

"你在学校有没有好朋友？"

"有。"小艾多回答。

"那么他有没有好朋友？"

"只有肥球，呃，欧仁，跟他很要好。"

"很好，"爸爸说，"这就够了。"

"艾多！"克拉拉叫道。

"好，"爸爸说，"那么你就带着自己的好朋友去见他，然后告诉他说，假如下次他再欺负你，你们五个就会给他更多颜色瞧瞧。"

"艾多！"克拉拉叫道。

"而且你不能生气。"爸爸说道，"这样子会让他觉得更害怕。"

"好。"小艾多说道。

"那些好朋友会不会愿意跟你一起去见他？"

"当然会。"

小艾多觉得很高兴。他心里早就或多或少有过爸爸这个想法，不过由于他总是被灌输打群架很不好的观念，所以一直不敢这么做。他爸爸真的是全世界最棒的爸爸！

但妈妈呢，她看起来一点儿都不高兴的样子。她看着爸爸，什么话都不说了。

"这是男孩子之间的事。"爸爸说道，表情看起来很抱歉的样子。

妈妈转过来面对小艾多，对他说："小艾多，我觉得你最好回房间去复习一下功课。"

小艾多往楼上的房间走去，不过其实他并没有真的回房……而是留在楼梯上偷听。

"你这样会让你儿子以为暴力能解决问题！"妈妈说道。

"不，"艾多说道，"我是在教他要怎么维护自己的尊严。"

"我要提醒你，这件事可是发生在学校里！我们还可以用别的方式来解决这个问题。"

"不管是不是在学校，维护自己的尊严都是很重要的。叔本华早就这么说过了。"

"叔本华？"

"他说，一个人的尊严，以社会的眼光来看，取决于其他人怎么对待他，或者欺负他。"

"真的是这样吗？那么举个例子来说好了，那些殉道者，不就都没有尊严了？"

"这是不一样的，他们是自己选择要成为殉道者的，而且他们的目标并不是建立一个很有成就的人生，而是要见证生命的永恒。"

"对一个功利主义者来说，你对这种事情了解得还真是透彻啊！"

"我以前是这么想的……所以，你希望我们儿子成为殉道者吗？"

"当然不是。"

"很好，那么，他就得学会保护自己。"

"我会去跟老师谈一谈。"

"不要这么做，人生当中，并不是永远都会有妈妈和老师来保护小艾多的。他必须学会自己去解决问题。"

"那么做根本就像个小流氓！"

"一点儿都不会。我只是训练一个小孩子去建立自己的势力，而这在人生当中是很受用的。看看你自己，想想你的工作就知道了。"

接下来，事情就变得比较复杂了。爸爸提醒妈妈说，她在工作上，不也是因为自己有一些朋友和大老板的交情很好，所以才没有被一个很不喜欢她的小主管给炒鱿鱼？那个小主管和妈妈之间的关系，就有点儿像维多和小艾多一样。

"话是这么说没错，"妈妈说，"但你不觉得让你儿子现在就学习这种肮脏的手段，实在有点儿太早了吗？"

"以我的观点来看，永远都不嫌太早，毕竟，所有的孩子都免不了会遇到这种问题。"

"你实在令我痛心。"妈妈说。

"亲爱的，我知道你希望我们儿子当个乖小孩，希望他循规蹈矩，但是他也必须知道在人生中要怎么保护自己。你也知道，我每天都看见这种事发生……"

"你每天都看见什么了？"

"诊所里，来找我看病的都是一些个性太善良的人，却个个都很沮丧，因为别人都会欺负他们，不管是工作还是家庭……他们从来没有学过要怎么保护自己。"

"我们小艾多知道要怎么保护自己！"

"话是这么说没错，不过毕竟他在我们这里学到的，大多还是很善良的言行。我希望他能有更完整的历练。"

"你希望他每次都以暴力来对付暴力吗？"

"不，我希望他能自己选择。等他长大以后，选择永远都把另一边的脸颊转过来由别人打，还是要重重地还击！"

小艾多很喜欢爸爸说的这句话。他告诉自己，爸爸一定会教他怎么对坏人重重地还击。然后，那些人就会怕得要死！

"你讲的我都明白，"妈妈说，"但我还是觉得很痛心。"

"但你想想，这跟你带他去参加弥撒的情形其实是一模一样的！"

"这跟弥撒有关系吗？为什么？"

"你带他去参加弥撒，还让他去上主日学，但到了最后，也一定是由他自己来选择是不是要继续去，选择要不要保有宗教信仰。你以后就会让他自己做决定了。"

"你认为信仰是能这样自己决定的？"

"是啊，我是这么想的，天主确实是有他的恩典在，但你，你的信仰难道从来没动摇过吗？"

"当然有……"妈妈说，"我想每个人都一样。就连特里萨修女也曾写道……有时候她也觉得天主遗弃了她。"

"亲爱的。"爸爸说。

接下来，有一段时间爸爸妈妈什么话都没有再说，小艾多只听见妈妈在用鼻子吸气。她是不是在哭呢?

这让小艾多觉得有点儿害怕。于是,他不声不响地溜回了自己的房间。

他开了电动玩具的游戏杆,很快就找到一个打架的游戏,然后在屏幕上把一个肌肉结实的坏蛋打得瘫软在地。他把那个人想象成维多。每次那个坏蛋爬起来时,他就用脚踢他的头,直到对方倒在地上才住手。他很高兴看见自己打破了上一次的纪录。

稍晚,上床睡觉之前,他把小本子拿了出来。

人生中很重要的一件事,就是维护自己的尊严。

如果你不生气,就能使对方觉得更加害怕。

所谓的交朋友,就意味着建立自己的势力。

五个臭皮匠

隔天，小艾多把爸爸的建议告诉了基勇、阿瑟、阿平和欧宏，不过假装那是他自己想出来的。大家都认真听他说完，而且都觉得这是一个好主意。小艾多甚至在还没告诉他们之前就知道会有这样的结果了，因为他们都是他很要好的朋友，而且也曾经试着要保护他。

维多比他们都要高大、健壮，不过他们一共有五个人，能凝聚成一股很强大的力量，就有点儿像三个臭皮匠胜过一个诸葛亮那样，更何况他们还是五个人！或者也可以说像圆桌骑士，虽然他们人数没那么多。

基勇足球踢得最好，所以如果要踢人的话，他最行。阿平打人的力气很大，所有人都知道他一旦开始打架，就没有人能阻止他。欧宏的身材比较高大，而且也比较壮，每次他们玩互相推来推去的游戏时，从来没有人推得动他。阿瑟虽然没什么比较特别的地方，但是他很有勇气。小艾多也一样，更何况这个主意还是他提出来的。

维多和肥球看见这五个臭皮匠走过来时，正在操场的某个角落聊天。

"我说，"小艾多告诉维多，"从现在开始，你不准再欺负我。"

他觉得心脏跳得很快，不过很留神不让自己露出很害怕的表情，也没有发脾气，就像爸爸之前教他的那样。

"如果我欺负你又怎样？"维多说。

"哼，我也希望你来欺负我，"小艾多说，"不然我和我的好朋友就没有理由每天都来揍你了。"

"没错。"基勇说。

"没错。"欧宏说。

"没错。"阿平说。

"一点儿都没错。"阿瑟说。

"你们这些矮冬瓜，看起来实在够愚蠢的！"维多说。

这时候小艾多发现阿平和欧宏要开始动手了，不过他并不希望走到这个地步。如果闹出一场很大的群架，爸爸妈妈都会知道这件事，而且会很不高兴。

"随便你怎么说。"小艾多对维多说，"不过现在事情就是这样。而且，欧仁，我从来就没有笑过你妈妈，真的。"

"你给我闭嘴。"欧仁说。

至于维多呢，这次倒是一声都不吭。不过小艾多看见他一副很不高兴的模样，心里觉得分外得意。

"今天就到此为止。我们已经警告过你了。"小艾多说。

然后他对好友们做了一个已经可以离开的手势。

当时附近还有其他人在，都看到这个摊牌的场面，小艾多对自己说，如果所有人都知道这件事的话更好。其中甚至有几个女生也在看他们，小艾多渴望能见到阿曼汀娜，希望她也看见自己正在带头做一件事的模样，不过，哎呀，还真可惜，阿曼汀娜当时正在操场的另一边玩耍。

他们离开那些人的时候，督学正好走过来并问道："孩子们，发生什么事了？"

"没事，我们只是在聊天而已。"小艾多说。

小艾多觉得非常非常高兴。他觉得自己好像做了一件非常重要的事情，再次体验了人生的一课。

以爸爸为荣

有时候，会有家长到课堂上来，跟大家介绍他们在做什么样的工作。小艾多觉得了解其他人的职业，是很好的体验人生的方法。

并不是所有的家长都会来，有些家长的工作实在太忙，或是不想来跟大家介绍他们的职业。

例如当厨师的基勇爸爸就来过。他的工作是广为人知的，所以大家向他问了一些问题。基勇看起来很为他爸爸感到骄傲的样子，尤其当他解释厨师其实非常辛苦的时候：他早上必须很早就起床去采购食材，接着整天都必须站在非常闷热的厨房里，而且时间总是很赶，所以有时候很容易就会发脾气。

身材高大的维多，平常上课时从来不问问题，那一次却出乎大家意料地发了言。他说最好的方式就是把餐厅买下来，这样的话，不必自己工作就能赚钱了，他哥哥就是这样，而且还买了很多间餐厅。事实上那并不是餐厅，而是酒吧，因为厨房的管理实在太累人了，而一瓶一瓶的饮料很容易就能订购得到，还能赚比较多的钱。

不过这时候阿平说话了：如果大家都这么做的话，那么只会到处是酒吧，以后大家去哪儿才找得到餐厅吃饭呢？

所有人都很同意这一点，所以维多的表情看起来并不是很高兴，后来，他就一句话都不说了。阿平的爷爷奶奶如果这时候也在这里的话，也一定会为阿平感到骄傲，因为他们就是开餐厅的。

终于，最重要的一天来临了。小艾多看见爸爸坐在老师旁边的时候，心里实在很激动。他觉得很高兴，同时却又有点儿害怕，担心爸爸会讲出一些很奇怪的话来，就像他偶尔在家说的那些，到时候大家就会哄堂大笑，而且他也不知道爸爸会怎么解释他的工作。

爸爸先是说明自己原本是读医学的，想要当个真正的医生，不过后来又读了精神病学，因为这个领域也和其他医生一样，都是为了帮助别人过得更好。

"连疯子也可以医吗？"从教室后面传来一个声音问道。

小艾多转过头去。这话是马蒂奥说的，他是一个很安静的男生，带着厚厚的眼镜，每一科都表现平平，甚至连交朋友也一样：他和每个人都处得很好，却没有和谁特别要好。

小艾多觉得这并不是一个好问题，因为爸爸曾经告诉过他，用"疯子"这个字眼是很不应该的。

"在精神病学上，我们不用'疯子'这个词。"爸爸说，"对我们来说，这些人就是病人，所以说他们是疯子很不人道。"

"没错，"马蒂奥说，"但我哥哥终究是疯子。"

大家都很惊讶，因为没有人听过马蒂奥哥哥的事，毕竟他从来都没讲过什么重要的事情。

教室里一片静默，老师正准备讲几句话，不过最后是小艾多的爸爸先开了口。

"你哥哥去过医院了吗？"

"去过。"马蒂奥说，"他们给他开了一堆药，然后他就变得非常呆滞。"

"刚开始的时候会这样，"小艾多的爸爸说，"有时候，没办法在第一次就开对药方。"

"但这已经不是第一次了！"马蒂奥说，"他已经去过医院很多次了，情况还是没改变。"

"他是不是已经不再吃药了？"

"对，不过也没有变得比较可怕了……他开始会自言自语……"

马蒂奥已经说不出话来了，小艾多觉得他应该快哭出来了。

"孩子们，"小艾多的爸爸说，"我想我等一下得跟你们这位同学谈一谈。我跟他之间的谈话，会像医师和病人之间一样，只有我和他两个人。"

"马蒂奥，你听到了吧，"老师说，"等一下艾多的爸爸会找你谈一谈。"

马蒂奥用鼻子吸着气，回答说："好。"

"马蒂奥刚才做的事情非常重要。"小艾多的爸爸说，"事实上在很多家庭里，也有人遇到过马蒂奥哥哥的这种问题。所以，他把事情说出来实在很勇敢，做得很好。马蒂奥，你真的很棒。"

"大家为他鼓鼓掌！"老师说。

"是啊，"小艾多的爸爸说，"大家为马蒂奥鼓鼓掌。"

于是全班同学都一起鼓掌。马蒂奥看起来一副很不自在的模样，不过大家都同时感受到，这让他很高兴。

后来又有人提出问题。

"请问艾多爸爸，是不是光是用看的，就可以知道别人在想什么？"

"不，大家都这么以为，但我们必须跟人谈话，才能知道他在想什么。"

小艾多觉得很失望：他很清楚爸爸光是用看的就知道别人在想什么。不过他告诉自己，或许爸爸不想让人家知道这件事，就有点儿像克拉克从来不告诉人家他就是超人一样。

"如果每个人都吃药的话，是不是都会变成好人，再也不会有人做坏事了？"

老师和小艾多的爸爸互相对看了一下。说这话的是欧汉良，小艾多知道他一直很希望大家都能对他好一点儿。

小艾多的爸爸说："人只有在生病的时候才需要吃药，不管怎么说，世界上并没有能使人变成好人的这种药，必须要靠自己的努力才行。"

"但是如果有人从来都不努力去变成好人呢？"欧汉良问。

"那么他就会在人生当中学到教训。"老师说。

这使小艾多想起爸爸和妈妈之间，有关为什么必须当好人的那番谈话，不过他告诉自己，现在并不是提这件事的时候。他现在已经知道，对付那些坏人最好的方法，就是找一群自己的好朋友，然后变得比那些人还要强。他告诉自己，将来要试着对欧汉良解释一下这个想法。不过欧汉良呢，他总是最听老师的话。

接着大家又提出其他问题：艾多爸爸能不能帮别人的爸爸改掉不好的习惯，例如喝酒？能不能令某人的姐姐不要太晚出门并染上毒品？或者当某人的妈妈早上都起不来，也不做饭时，帮她改掉这些习惯？还有，是不是能阻止别人自杀呢？

每次有人提出问题，小艾多的爸爸都会回答，并解释精神科医师会以什么方式来帮助这些人：倾听他们说话，对他们说话，开药给他们吃，并试着在一开始的时候就找出最有效的方法。

几乎所有人都问了问题，这让小艾多非常骄傲，因为他发现大家都对爸爸的职业很感兴趣！

后来，在车上的时候，爸爸问小艾多是不是很高兴看到他来班上。

"高兴！几乎每个人都问了问题！"

"这倒是真的。"

"那么你和马蒂奥聊了什么？"

"小艾多，这是秘密。"

"话是这么说没错，不过，你跟他聊过这件事已经不是秘密了，现在大家都知道了。"

"你说的没错。马蒂奥只是需要有个人来跟他聊一聊他替哥哥担心的事而已。"

"这个人会是你吗？"

"不是。我们会找其他人来……"

"一定是学校的辅导老师！"小艾多说。

"这是秘密。"爸爸说。

小艾多很得意自己发现了这件事！他对自己说，原来他也一样，光是用看的就能知道人家在想什么了！

后来，他问爸爸："那么，你能够帮助所有的人吗？所有有烦恼的人？"

"不行。我只能帮助那些愿意来找我的人。并不是每个人都希望得到别人的帮助，小艾多，大部分的人都能够自己解决问题。"

"也好，"小艾多说，"否则的话你就会变得很忙！我和妈妈就看不到你了！"

"没错！"爸爸说，"不过这种事是不会发生的。"

车窗外，夕阳开始下山了，不过天色还亮，这是小艾多最喜欢的时刻。他问爸爸："我们要直接回家吗？"

爸爸看了看手表。

"我们还有时间去散步。"

"到树林里去散步好不好？"

"走吧！"

这是最幸福的时光了，小艾多心想，自己一整天都在期待这件事，希望爸爸能带他到树林里去散步。

晚上，他在小本子上写道：

我有一个全世界最棒的爸爸。

他能帮助几乎所有的人，甚至包括疯子、病得很严重的人，也包括那些整天只会烦恼的人。

一点儿都不痛

爸爸给的建议终于有了效果。自从小艾多、基勇、阿平、欧宏和阿瑟一同去见过维多之后，他就再没有欺负过小艾多了，甚至还会更谨慎地不再靠近他或其他四个人身边。

朋友之间的联盟，看起来似乎比"我们之间都是兄弟"的这个观念还要有效；更何况，在很久以前，那些圆桌骑士早就已经明白这个道理了。

有趣的是，现在班上每个人都知道，如果有人欺负他们五个人中的任何一个，其他四个人绝不会袖手旁观。

事情是这样开始的。

有一天，有两个女生来找他们。很可惜，来的并不是阿曼汀娜，不过也算是挺不错的两个女孩。她们两个当时既难过又生气，原本她们正在和其他女孩们玩球，有两个男生突然过来把她们的球抢走，拿去自己玩了。那两个男生是别的班的，不过小艾多认识他们，因为这两个老是黏在一起的好兄弟真的都是白痴，而且总是穿着那种垂到鞋子上的长裤，小艾多的妈妈买衣服时，绝不可能允许他挑选这种款式。

"我们会处理的！"小艾多说。

于是，这五个臭皮匠，一起去见了那两个在远处一边玩一边笑的好兄弟。

"你们得把球还给那些女生才行！"小艾多说。

"什么？这又不关你的事！"

"你错了，这是我的事，不，应该说是我们五个人的事。"

"没错，"基勇说，"这是我们的事。"

"没错，"阿平说，"你们必须把球还给那些女生。"

"没错，"欧宏说，"立刻把球还给她们。"

"一点儿都没错。"阿瑟说。

这一对好兄弟的表情看起来有点儿讶异，不过还是把手边的球停了下来。然后，其中一个把球朝小艾多丢过去，打在他脸上，故意整他。于是，基勇踢了那个丢球的一脚，欧宏也将他推倒在地上，对方开始尖叫："住手！住手！"不过阿平还是继续打，阿瑟则叫他们快住手，因为督学已经往他们这个方向看过来了。于是阿平不再打了。

小艾多觉得鼻子不太舒服，不过很幸运，他还是成功把球给要回来了。当他把球递给那些女生时，她们都以睁得杏圆似的大眼睛看着他说："你流血了！"

小艾多发现自己的鼻子流了一点儿血。他看了看那些正在凝视自己的女生们，可惜没有阿曼汀娜，不过他还是感到很骄傲，然后说道："没什么。一点儿都不痛。"

他觉得非常高兴，他做的这一切恰好就是自己在电视上看到的，骑士虽然受了伤，还是继续与敌人战斗。他已经变得和艾多一样了——真正的神话里的艾多，或者是已经很久没有在影片里出现的兰斯洛特·加龙省（译注：圆桌骑士的成员之一，在很多文学作品中被描述为亚瑟王手下最伟大、最受信任的骑士）。

隔天，其中一位女孩过来看他。她有一头金黄色的鬈发，名叫克莱儿。她对小艾多说道："我想和你做朋友。"

这是个很友善的提议，却没让小艾多有什么特别的感觉，因为他感兴趣的是阿曼汀娜，不过他还是回答："好。"

然后她在他脸颊上亲了一下，使他满脸通红，心想别人可能会看见这一幕并嘲笑他。不过并没有，没有任何人看见。

"好了，"他说，"我要去找我的朋友了。"

"我可以和你一起去吗？"

"呃，不行。我们都是男生。"

然后他发现克莱儿看起来有点儿失望的样子，不过也只能这样，必须让她搞清楚状况才行。

小艾多觉得这可能会成为人生中的另一种烦恼：有某个女生想和你做朋友，与此同时你却想跟另一个女孩交朋友，但苦无机会。他心想，不知道爸爸对这种事情有没有一些看法。

突然，在走去与朋友会合的路上，他停住了脚。他恍然大悟，克莱儿看他的眼神，就跟阿瑟的妈妈上次在校门口看爸爸时一样。会不会她也想和他爸爸交朋友？

一想到这个，他便觉得有点儿害怕，于是，他快步奔向朋友那边，开始玩耍。

晚上，小艾多很想在小本子里写点儿东西，却不知该写什么。

最后，他还是什么都没写出来。

有一个秘密

　　一天晚上，爸爸因为很晚才回来，所以独自一人在厨房的餐桌吃饭。小艾多已经和妈妈一起用过晚餐了，然后妈妈就到她摆在客厅里的一张书桌前去做事情了。她明天有一份简报要交，所以要做好准备。

　　爸爸一个人在厨房里吃晚餐时，一边还在读着报纸。他曾告诉过小艾多，由于自己整天都在听病人说话、和他们说话，所以回到家之后，就会累得有点儿不太想跟小艾多和妈妈讲话，或者听他们说话。所以不该强迫他做这件事，要先给他一些时间，让他调整心情才行。

这时候，小艾多看到爸爸已经快看完报纸、吃完晚餐了，嘴里正嚼着一块奶酪，准备把那瓶酒给喝光。小艾多觉得自己已经可以去跟他说话了，不过还是先问了一下。

"爸爸，我现在可以和您说话了吗？"

爸爸看了他一下，小艾多发觉还得先过个一两秒，爸爸才能真的看到他。

"当然可以啊，我的小艾多，现在我可以听你说话了。"

"太好了。那个，阿瑟的妈妈，她是不是很想和你做好朋友？"

爸爸的身子完全静止住不动了，就有点儿像是一张照片那样。然后，他终于说道："你这个想法还真是好笑啊！为什么会问我这个问题呢？"

"因为我在校门口看到你们，她看你的眼神，就有点儿像她想和你做好朋友一样。"

"真的吗？"爸爸说，"听我说，我以后会注意一点儿，不会让这种事发生的。更何况阿瑟的妈妈已经结婚了。"

"话是这么说没错，不过说不定她觉得你比较好。"

小艾多知道这种事是有可能发生的，即便阿瑟的妈妈已经有丈夫也一样。在他们班上，几乎有半数的同学没有跟爸爸妈妈一起生活在同一个家庭里，因为他们的爸爸或妈妈已经找到更好的对象了，这就叫作离婚。而教堂里的神父说这是一件很愚蠢的事情，因为这会让天主觉得很难过。还有一天，他曾听到爸爸对妈妈说道："如果不是因为离婚的关系，我的工作就会少掉一半了。"当时小艾多还以为离婚是一件很好的事，因为可以让爸爸增加一半的工作量，如此一来爸爸就永远都不会像他同学的爸爸一样失业了。不过，他当然不希望离婚这件事发生在自己的爸爸妈妈身上，甚至连想都不敢想。

"不，我不认为她觉得我比较好。"小艾多的爸爸说。

不过小艾多觉得他花了比平常更多的思考时间才回答了这个问题。

"话是这么说没错，你并不这么认为，但她还是有可能觉得你比较好。"

"不是这样的，她只是觉得和我说话很高兴。"

"但是你的表情看起来也很高兴。"小艾多心里这么想，但不敢说出来。

"总而言之，"爸爸说道，"我呢，和你妈妈在一起觉得非常幸福，永远都不可能会找到更好的，所以我们会永远在一起。你明白吗？"

"明白！"小艾多回答。

他觉得比较放心了，爸爸说的话永远都是对的，他想起自己就是因为听了爸爸的话，才知道要怎么让维多感到害怕的。爸爸是世界上最厉害的爸爸。

但是后来爸爸又说道："你听我说，小艾多，不要把阿瑟妈妈的事情告诉你妈妈。虽然根本什么事都没有，但说了反而会让她瞎操心，这样就不好了。这是我们之间的秘密，知道吗？"

"知道。"小艾多说。

"是男人之间的秘密，知道吗？"

"知道。"

然后小艾多和爸爸击掌，就像电视上那些人一样。

不过，很奇怪，后来他反倒觉得没有那么放心了。

那天晚上，小艾多躺在床上却睡不着。

他安慰自己说，既然他有一个全世界最漂亮的妈妈和全世界最厉害的爸爸，当然很容易让某些人觉得他们比家里已经有的那位丈夫或太太还要好。

假如他把爸爸和阿瑟妈妈的事情说给妈妈听，会怎么样呢？

违反和爸爸之间的约定，并不是一件好事，但是小艾多觉得心里搁着某件事情却瞒着妈妈，也一样不是很好。假如他把一切都说给妈妈听，那么她就能够当心一点儿，把爸爸给看好，而阿瑟的妈妈呢，就没机会把爸爸抢走了，即便她很想那么做。

不过从另一个角度来想，妈妈可能也会因此而难过，会多了一些烦恼，其实有可能都是庸人自扰，因为爸爸已经告诉过他，阿瑟的妈妈永远都不可能和他成为很要好的朋友。

更何况，如果他把这一切都说给妈妈听，爸爸知道后一定会很生气，以后再也不会告诉他任何秘密了……

最后，小艾多终于决定最好什么都不要说。要瞒着某件事情不让妈妈知道，实在有点儿痛苦，但如果不这么做，可能会造成更多的烦恼。

突然之间，小艾多发现自己居然有办法好好地思考做一件事情会有什么后果了！爸爸知道的话一定会感到很高兴！

但是妈妈也一样会感到这么高兴吗？

他把灯打开，拿出小本子写道：

> 想让所有人都感到高兴，是一件相当困难的事，实在做不到。

然后他又回去睡觉了。他在黑暗中做了一段小小的祈祷：主啊，请保佑我的爸爸妈妈永远都在一起。

和女孩子说话

小艾多终于和阿曼汀娜相遇了。很难判定到底是他走过去见她，还是他已经快到的时候，她自己靠过来的。总而言之，现在他们两个终于在课间于操场的某个角落相遇，小艾多的好朋友们就在附近，阿曼汀娜的几位女同学也在。

"那个，克莱儿是你很要好的朋友吗？"阿曼汀娜那双漂亮的蓝眼睛看着他。

"你说克莱儿吗？不是的。不过她人很好。"

小艾多不知道应该再说些什么比较好。看见阿曼汀娜就站在距离自己这么近的地方，他觉得自己的身体都要僵住了，有点儿像他提出阿瑟妈妈那个问题时，他爸爸的反应。

"她说她是你的好朋友。"阿曼汀娜说。

"哦，也许她是这么希望的，但是对我来说她只是一个普通朋友。"

"原来是这样。"阿曼汀娜说。

小艾多觉得阿曼汀娜好像也不知道应该再说些什么才好。最后他终于对她说："你知道吗，你的眼睛好漂亮。"

"啊！"阿曼汀娜说道，然后微微一笑，不过小艾多很清楚这并不是嘲笑他的意思。

爸爸说的还真对！心里在想什么就要说出来。他俩开始一起向前走。

"你喜欢异形的故事吗？"小艾多问她。

"哦，不是很喜欢。"

"总而言之，如果有异形欺负你的话，我可以保护你。"小艾多说。

"你人真好。"阿曼汀娜说。

其实小艾多比较希望阿曼汀娜说的是"你好棒哦"或"你好勇敢"，不过她这么说已经算不错了。

"我可以亲你一下吗？"小艾多问她。

就在这个时候，阿曼汀娜看见那些女同学在叫她。

"我得去找她们了！"她说。

"好吧！"小艾多说。

不过他心里并不希望她走。

阿曼汀娜又用她那双漂亮的蓝眼睛看了他最后一眼，然后，他就眼睁睁地看着她去和那些女同学会合了。

"那是你女朋友吗？"

欧宏过来找他。

"我也这么希望。"小艾多说。

"女孩子啊，实在太麻烦了。"欧宏说。

"是啊！"小艾多说。

他对自己说道，刚才自己用"你知道吗，你的眼睛好漂亮"这句话来开场，做得很高明，但后来，就有点儿抓错了方向，他其实不是很懂要怎么说比较好。

晚上，他到厨房去找爸爸。

爸爸抬起原本正在看报纸的那双眼睛。

"那么，你已经和阿曼汀娜说过话了？"

"是的。"

小艾多把经过说给他听。

"做得很好。"爸爸说。

"真的'很好'吗？为什么呢？"

"因为你已经敢跟她说话了，我为你感到骄傲。"

"话是这么说没错，但她还不是我要好的朋友，我没有亲到她。"

"脚步不能放得太快。"爸爸说。

"我觉得自己好像错过机会了。"

爸爸思考了一下。然后，他解释道，追女孩子和做其他事是一样的，比方说足球，都是必须学习的，不可能第一次就成功。

"爸爸说的对，但我要怎样才能成功呢？"

"也许你应该比她先离开才好。你可以说自己必须去和朋友会合。"

"就像她那样。"

"没错。如果是你先走，那么就轮到她眼睁睁看着你离开了。"

爸爸还真是全世界最厉害的爸爸，已经猜到是他留下来眼睁睁看着阿曼汀娜离开的。

那天晚上，他还是一直回想这一切。他想起爸爸曾说过的，跟女孩子说话是必须学习的，就像踢足球一样。不过小艾多突然担心了起来：他很清楚某些人在足球方面的表现天生就很强，例如基勇，而某些人则永远都没办法表现得像他那么好。那么对于女孩子这件事，是不是也一样？

够了，就像妈妈对他说的，最好是想想事情乐观的一面：他终于敢跟阿曼汀娜说话了；他爸爸都为他感到骄傲；他已经学到该怎么跟女孩子讲话了。

他拿出自己的小本子并写道:

和女孩子说完话，要比她先离开才行。

然后，他思考了一会儿，又有了一个想法，但不太能够算是事情的乐观面。他觉得，爸爸一定是全世界最会跟女生说话的人。那么，如果他有心让阿瑟的妈妈跟他变得很要好，就一定能办得到。

这件事，使小艾多担心得睡不着觉。

像骑士一样保护别人

现在在学校里，对小艾多及他那些朋友来说，一切过得还算不赖。

他们帮忙把球要回来还给那些女生之后，女生们送来一些糖果。他们非常喜欢这些糖果，尤其因为这是女孩子送的礼物。

还有一天，有三个男生吵了起来。欧汉良是个戴眼镜的小个子，老爱哭，像个小孩子，哭得一把鼻涕一把眼泪。他功课很好，但其他方面的表现实在是有点儿糟糕。

"怎么回事？"小艾多问。

"根本没怎么样。"另一个男生说，"他玩输了，这很正常。"

小艾多认识这个家伙,他名叫杰哈。他脚上穿的永远都是最漂亮的球鞋,他爸爸开的也是一辆大车,他的弹珠也打得很好。小艾多明白了:可怜的欧汉良同意用自己的玩具车来当赌注,和他一起玩弹珠,想当然的,一定是大输特输了。欧汉良实在太不聪明了。他心里那么想跟人家交朋友,所以说不定连基勇向他提议以那些玩具车当赌注来踢足球,或者欧宏提议和他玩推人的游戏,他都会答应。

那些人是趁机在欺负他。

"哼,他输了,这也没什么,所以人家拿走他的车子是很正常的事。"

这一个呢,是杰哈的朋友,到哪儿都跟着他,但小艾多发现杰哈才是两人中的老大。

"你们到底拿了他几辆车子?"小艾多问。

"关你什么事?"杰哈问。

"当然。"欧宏说。

"当然。"基勇说。

"当然,这是我们的事。"阿平说。

"一点儿都没错。"阿瑟说。

最后小艾多要求杰哈把三辆车子当中的两辆还给欧汉良。他觉得对欧汉良来说,输了一辆车子并没什么大不了的,反而还能让他学会以后不要再跟比他厉害的人玩弹珠。

"不准跟他要回来，"小艾多对杰哈及他的同伴说道，"否则，我们会找你们算账。"

杰哈和他的同伴离开了，心里很不是滋味。

后来欧汉良就一直都跟他们在一起，再也不想离开了。这实在有点儿烦，他们是五个高明的臭皮匠，而欧汉良一点儿聪明的地方也没有，大概只有对老师来说例外。这就有点儿像某个人很想当圆桌骑士，却连剑都不晓得要怎么用！不过隔天，欧汉良送给他们每个人两辆车子，于是他们同意让他在一旁看着他们玩车。

自从上次帮那些女孩要回她们的球，以及这次帮欧汉良要回他的车之后，事情就开始有点儿不一样了。当其他人受到欺负的时候，就会来找这五位臭皮匠投诉。可能是有人打了他们、偷了他们的玩具、在他们身上吐口水、以绊倒他们为乐、把球砸到他们脸上。或者因为以下这些理由而嘲笑他们：长得太胖、身材太瘦小、讲话结巴、太爱哭、戴眼镜或助听器、在班上功课太差或太好、不管是男生或女生穿的衣服或鞋子太逊。也有人嘲笑他们是因为他们的爸爸或妈妈身材太胖、肤色不一样，或者看起来很蠢。

然后这五位臭皮匠就会去质问对方，再发出通牒：如果以后还有这种事情发生，他们自己就会有麻烦了。这一招还真有效。

阿瑟说，现在他们就像圆桌骑士一样：他们所保护的，是那些没办法保护自己的人。

小艾多、阿平、欧宏、阿瑟和基勇都觉得这个想法很棒，于是便开始想帮自己取跟骑士一样的名字，但由于最后选出来的名字都有点儿怪，他们还是决定保留原来的名字就好了。

除此之外，晚上回家的时候，他们从学校带回越来越多的小车子、糖果、弹珠、电玩游戏机，偶尔甚至还会带回一双球鞋、各种颜色的笔，以及各式各样使他们开心的东西。

小艾多发觉现在有更多女生盯着他瞧了，连阿曼汀娜也会。

晚上，他开始在小本子上把自己和朋友们自从做了跟骑士一样的事以来得到的所有礼物都列出清单。他的礼物甚至还包括现在用的这支笔，外壳是金色的，上头印了一家银行的字样。这是欧汉良送给他的，他说他爸爸就在这家银行上班。

然后，他写道：

当我们像骑士那样保护别人时，会得到很好的报酬。

然而，他们之所以会保护其他人，只不过是为了做好事，为了像骑士一样遵守良好的规范，而这些为善的规范，正好是他妈妈非常在意的。不过，这么做毕竟还是有一些很好的结果，就像爸爸最重视的那样。

所以，这一次他觉得自己终于能同时让爸爸及妈妈感到开心了！

他实在太高兴了，以至于有点儿难以入眠。

体会公平正义

对小艾多和他那些朋友来说，所有事情都进行得分外顺利，不过有天晚上妈妈回到家的时候表情很古怪。

"我们得谈一谈。"她对爸爸说。

小艾多那时候正在和爸爸一起玩跳棋，通常爸爸都会让他赢。

"没问题。"爸爸回答。

接着，爸爸和妈妈就在客厅里谈话，当然小艾多也饿着肚子躲在楼梯上偷听。

"你儿子在学校勒索其他小朋友。"妈妈说。

"原来是这样，我还纳闷，他怎么会多了一些我们没买过的玩具呢……"

"你眼里难道只有这些吗？"妈妈以不太高兴的声音说。

这时候小艾多回到了自己的房间，因为每次听到父母吵架，他都觉得有点儿害怕。

他开始玩起自己最近搜集的那些小汽车，不过还是听得见爸爸妈妈以有点儿大的声音在讲话，于是他又打开了一个新的电玩游戏，这是一个斗鸡眼的男生送他的。这个游戏很好玩，他必须在最短的时间内消灭最多的敌军，而且还能使用各式各样的武器：手枪、冲锋枪、火箭弹、机关枪、手榴弹，甚至还有一个喷火器。不晓得那些圆桌骑士会不会想要使用这种喷火器，或者他们觉得这样会破坏游戏规则？从另一方面来说，喷火龙其实也算是一种喷火器，因为它们有爪子，甚至还有翅膀。

终于，小艾多和爸爸妈妈一起去和学校校长、班上老师及辅导老师见了面。

他心里并不害怕，因为他觉得自己并没有犯错。所以，当他们要求他把所有的事情再讲一次时，他甚至有点儿不开心。

"你们从来没跟同学要过玩具吗？"校长问。

"没有，"小艾多说，"是他们自己送给我们的。"

"不过，是以什么东西来交换呢？"

"那是因为我们保护他们不被那些坏蛋欺负。"小艾多回答。

"也就是说，如果他们送给你们礼物，你们就会保护他们了？"

"不，不是这样的，他们是先要求我们保护他们！"

"他们的礼物是在事前给，还是事后给？"老师问。

"事后给。"小艾多说。

他不是很理解为什么事前给或事后给有这么重要。然后，他又想到，不知道从什么时候开始，也有些人是事前就先给了玩具，希望他们以后能保护他们。

"其实，有几次，他们是在事前就把玩具给了我们。"

"小艾多，当心哦，"妈妈对他说，"这一点非常重要。"

"好，是的，有些人是在我们保护他们之后给我们玩具，有些人则在事前就给，同时要求我们替他们做一点儿事情。"

"比方说什么事？"老师问。

"叫别人不要再捉弄他们、嘲笑他们、抢走他们的东西，或者是殴打他们。"

"这种事毕竟不会常发生。"校长一脸不太高兴地说道。

"这种事一直都有。"小艾多说，"而且经常发生。"

"但为什么孩子们都不讲出来呢？"

"他们怕会被人家笑，"小艾多说，"或者事后会被殴打。"

"所以，"校长说道，"你承认自己曾经向同学们要过玩具，以帮他们做事来作为交换啰！"

"不是这样的，"小艾多说，"我从来没有跟他们要过。"

"但某些家长并不是这么说的。"校长说道。

"我儿子已经说了，是那些小朋友把玩具送给他，而不是他向他们要的。"小艾多的爸爸抗议道。

"无论如何，我们学校是不允许有这种行为的。"校长说。

"同样地，学生发生这样恶劣的事件，也是令人无法接受的事情，这代表校方的督导出了问题。"小艾多的爸爸说。

接着大家都安静了。小艾多看见爸爸和校长互相看着对方，表情都不太高兴，而且校长整张脸都红了。

"小艾多，你知道有哪些同学被人欺负过吗？"学校的辅导老师问道。

"当然知道，因为他们给了我们玩具。不过可能还有一些是我不知道的。"

"你可以告诉我们是谁吗？"

"如果我儿子回答了你们的问题，我认为你们应该也同意，他对校内的管理是有所帮助的。"小艾多的爸爸说。

校长蹙了一下眉头，仿佛已经尽了最大的努力一样，最后终于说道："是的，我们现在了解了。"

"很好。"小艾多的爸爸说，"同时，关于这件事情我们都将保密而不外泄。"

"当然。"校长说。

"很高兴我们彼此之间能够相互理解。"小艾多的爸爸微笑地说。

这时候小艾多发现妈妈正以一种很奇怪的表情看着爸爸，就有点儿像是她同时感到高兴却又不开心，好像她觉得有点儿生气同时却又很想笑。

接着，校长又问小艾多知不知道哪些人会打人、嘲笑别人，甚至干出更恶劣的事情。

当然，他是知道的，永远都是那群人，比如说维多、杰哈和其他几个，通常身材都比别人高大。后来还有好几个学生虽然在本质上并不是那么坏，却也跟着模仿他们，好跟他们打成一片，或者做出与他们同样的事情来。

不过小艾多不愿把这些人的名字指认出来：他觉得这样做会给自己带来困扰。他想到维多那个在脖子上挂着一条金项链的哥哥。

"我不是很想讲出来……"他说。

"我儿子不想讲。"小艾多的爸爸说，"更何况我也认为不该由他来举报那些同学。应该由那些受害者自己提出控诉，或者是由学校的督导系统来把他们揪出来。"

"好的，好的。"校长说。

"而且，"小艾多的爸爸说，"我觉得光是听某几位家长的控诉……"

小艾多告诉自己，他爸爸真是全世界最棒的爸爸。

最后，他们告诉小艾多，他和那些好朋友们以后都不该再接受别人的礼物。

"就算他们想送我们东西也一样吗？"小艾多问。

"就算他们想送你们东西也一样。"学校的辅导老师说。

"但是为什么呢？"

"因为那样的话，他们的爸爸妈妈会不高兴。"校长说。

"你做得到吗？"妈妈问。

小艾多觉得这实在很疯狂，不过由于感觉得出来这是一场很重要的会议，而且爸爸妈妈看起来都很担心的样子，他便回答说做得到。

后来，所有人又谈了一下，然后校长说，大家都认为他们已经做出最公平的决定了，而小艾多的爸爸妈妈也都表示同意。

稍晚，他和爸爸妈妈上了车。

"小艾多，我替你感到骄傲。"爸爸说。

"艾多！"妈妈叫道。

"亲爱的，这就是我们所谓的'互利性的保护'，这是封建社会的守则。我呢，如果是你的领主，就会保护你，而你则会缴纳一部分的收成来作为回报。欧洲所有的贵族阶级都是这样来的。"

"黑手党① 也一样，不是吗？"妈妈说。

妈妈说了这句话之后，爸爸有一段时间一声都不吭。

"爸爸，为什么你为我感到骄傲呢？"小艾多问。

"因为你愿意把礼物退回去。"妈妈说。

"所以我不必接受处罚了吗？"小艾多问。

"不必。"

"为什么呢？"

"因为这是校长决定的，这就是我们所谓的公正处理。"

"在公正处理这件事上，我倒是帮了他们一点儿忙。"爸爸说。

"艾多！"妈妈说。

"我相信对我们儿子来说，这是一件好事，可以学到这一切都是因为势均力敌而争取来的。"

"但事实并不是这样的！"妈妈说，"里头还是有一些公正处理的地方，我们小艾多根本没做坏事。"

"这是不够的！"爸爸说，"否则世界上就不会有律师了。"

---

① 13世纪产生于意大利西西里岛的秘密犯罪组织，因曾在行动后留下黑手印而得名。

"话是这么说没错，不过他们也会帮犯罪的人辩护。"

"这是一种权利，是司法的一部分。"

然后他俩发现彼此之间的谈话开始变得有点儿大声，小艾多看起来很担心的样子。于是，两人不再争论了，并说他们很高兴一切都已经圆满结束。

晚上小艾多在他的小本子上写道：

公平处理，在没有人受到惩罚的情况下是最好的。

没有罪的人，如果有律师的话就不会受到惩罚。

公平正义，都是因为势均力敌而争取来的。

这句话的意思他并不是很懂，因此在心里暗想，最好是找个妈妈不在的时间向爸爸问个清楚比较好。因为他开始发现，在爸爸和妈妈的眼里，看到的事情是不一样的。

后来他思考了一下，回想起这一切困扰，都起因于他上次和欧仁的争吵，因为欧仁以为小艾多取笑他的妈妈。甚至是在更早之前，当他跟爸爸讨论有没有天分这个话题时，就开始了，因为爸爸说，那些人之所以会那样，并不是任何人的错。

他在小本子上写道：

　　某个人到底有没有天分这个话题，会让大家都觉
得很不高兴。

小·艾多与阿曼汀娜

　　小艾多和他那些朋友的日子，变得有点儿不一样了。其他人再也没送过他们礼物了，因为老师在课堂上特别讲过这件事，叫学生们再也不要互相赠送礼物。

　　老师并没有特别指明五个臭皮匠，不过大家都知道是在说他们。老师还说，在学校里大家要互相友爱，不能打架，不能互相嘲笑。他还补充道，以后的人生就像这样，所以大家都必须学习怎么过团体生活。

　　小艾多心想，把这些话再说一次，根本一点儿用都没有，他觉得他们五个臭皮匠一定还有任务要做。但后来并没有，因为在下课时间，除了督学之外，现在学校又多了一位新来的先生，身上穿的制服有点儿像警察。他看起来很和善，不过巡逻的次数比督学还多，尤其是在厕所附近。因此，像维多或杰哈那些坏蛋，就不像从前那样有那么多机会能打人或取笑别人了，有一次维多甚至被叫到校长办公室去，因为他故意让身材矮小的欧汉良跌了一跤，刚好被新来的督学看到。

因此很快地，五个臭皮匠再也没有工作可做了。不过其实这也不是太严重，因为他们永远都是要好的朋友。

这整件事情，在小艾多心里造成不小的影响，却没阻止他想到最重要的一件事，那就是阿曼汀娜。他已经比以前有进步了：现在，只要他愿意，就能对阿曼汀娜道早安，而她也会有所回应。不过一切也仅止于此而已。接下来他就不太知道要跟她说些什么了，另一方面，他也没办法像阿瑟与其他女孩之间那样，讨论数独游戏，因为他并不是为了要跟她玩游戏而道早安的，而且他也觉得她知道他的想法。

所以他只是盯着阿曼汀娜瞧，偶尔她和其他朋友一起玩时也会看着他，不过他不知道该怎么做比较好。

而且还有克莱儿在。克莱儿经常来找他，几乎每天都来，小艾多很清楚她喜欢他的程度，就像他自己喜欢阿曼汀娜一样，不过对他来说，她只是一个普通的女生而已，所以没有太多感觉，除非小艾多自己也爱上她。

克莱儿很想知道小艾多喜欢什么，平常都读哪些书，以及他爸爸的职业。她甚至还试着跟他们一起编故事，希望能讲得和小艾多与他的朋友那样好听，有时候还真的做到了，但光是这样，她还是没办法成为他们的一分子。她也曾试着跟他们一起玩球，不过当她看到小艾多并不是里头表现得最好的，就不再玩了。

"这个女生还真黏哪！"基勇说。

"噢，"小艾多说，"其实她人不错。"

"是啊，"阿平说，"她人很好。"

"她有一头金发，很漂亮。"阿瑟说。

小艾多发觉阿瑟好像爱上克莱儿了。不过实在太不巧了，因为他很清楚对她来说，阿瑟只是个普通的朋友而已。虽然阿瑟是他们这一伙中最常和女孩子在一起的，却没女朋友。

"她很漂亮，这是真的，"欧宏说，"不过太爱插嘴了。"

"她只是个女生。"阿平说。

小艾多也同意这个说法。

这时候，他看见那个身材很高、绑着一撮黑色厚马尾的小玉刚好经过，而阿平则有一段时间一声都不吭了。

小艾多心想，阿平的心里一定很难受。他自己爱上阿曼汀娜却不知该怎么采取行动，就已经很难受了，更何况阿平爱上的是一个比自己大至少两岁的女生！

不过小艾多还是成功地与阿曼汀娜有了一次简短的对话。她那时正在和其他女生讨论事情，但小艾多还是走了过去。

"早安！"他说。

"早安！"阿曼汀娜说。

其他女生全都笑了起来。小艾多觉得自己的脸都红了。不过既然他那个全世界最厉害的爸爸曾说过，面对女生的时候永远都不该感到害怕，而且要说出心里的话，于是他说道："我想跟你打个招呼，顺便聊一聊。"

"好。"阿曼汀娜说。

他俩开始沿着操场漫步，小艾多觉得身边所有人都在盯着他们瞧，甚至连那个穿新制服的督学也一样，当然还有他那些好朋友，以及阿曼汀娜的朋友们。

"那么，你一切都好吗？"小艾多问。

"是啊，很好。"

"爸爸妈妈都对你很好吗？"

"是啊！"阿曼汀娜说，"事实上，妈妈对我更好。"

"你爸爸呢？"

"他大部分时间都不在家。"

"真的吗？为什么呢？"

"他说他工作很忙。"

"我爸爸每天晚上都在家。"

"这样很好啊。"阿曼汀娜说。

小艾多觉得他讲这些话的时候，阿曼汀娜看起来有点儿忧郁。

"如果我跟你结婚的话，我一定每天都会回家。"

"真的吗？"阿曼汀娜说。

"当然，而且我还会帮你准备点心。"

"真的吗？"阿曼汀娜说。

小艾多发现这让她觉得很开心。他也很高兴，他不会像上次那样，败在那个与异形有关的话题上了。

"然后我们就会玩抱抱和亲亲。"小艾多说。

他很自然地就讲出这些话来，但突然之间又觉得这么说很不好意思。不过阿曼汀娜看起来并没有不高兴的样子。

"你人真好。"阿曼汀娜看着他说。

这一刻小艾多看到阿曼汀娜的脸靠他很近，实在很想亲她一下，不过她却向后退了一小步。

"别这样！大家都在看！"

这倒是真的，他差点儿就忘了。于是他们又开始向前走。小艾多觉得自己的心脏跳得很快。

"你和克莱儿，也玩过抱抱和亲亲吗？"阿曼汀娜问。

"没有，我不想和她玩。"

阿曼汀娜没答话，不过小艾多发现这句话让她很开心。

"好了，"阿曼汀娜说，"我该走了。"

"好吧。"小艾多说。

然后她就离开，去和朋友们会合了。"糟糕！"小艾多对自己说道，他把爸爸的忠告给忘记了：和女生相处的时候，一定要比她先离开才行。他觉得自己真的很没用。

回去与好朋友们会合时，他又试着想想事情乐观的一面。无论如何，他总算已经告诉阿曼汀娜自己心里的想法了。

朋友们看着他走过来。每个人脸上都很正经，都很清楚这一切对小艾多而言非常重要。

"结果呢？"阿瑟问。

"还不赖。"小艾多说。

其实他心里并不是那么确定。

晚上的时候，他想在本子上写一点儿跟白天有关的事情，但写不出来，心乱如麻。最后他只写了：

阿曼汀娜　艾多

接着，他又很想在这些字的周围画上一些图案，比方说爱心、花朵和星星，不过又对自己说这样不行，他的小本子是用来写字，而不是画画的！

于是他把灯关上，想办法让自己睡觉。

小·艾多想当老板

　　和阿曼汀娜讲话这件事情，带给小艾多很多烦恼：他经常有机会和她说话，但时间都很短，然后她就回去跟朋友们一起玩了。不过他觉得事情总有乐观的一面：最近他跟妈妈在一起的时间变多了，发现她最近没有那么多简报要做了。

　　不过，奇怪的是，他觉得妈妈的表情看起来有点儿忧郁。以他自己来说，如果回家之后不必写那么多功课，一定会觉得很高兴。

　　爸爸一定也发觉妈妈最近没有以前那么忙了。有一天，吃晚饭时，爸爸问了她这个问题，而小艾多也听见了。

"因为老板现在都不带我去参加重要会议了。"妈妈说。

"真的吗?"爸爸说,"从什么时候开始的?"

"自从我们有了新的总经理之后。"

小艾多不懂,于是他们对他解释,所谓的总经理就是妈妈老板的老板。

"我也不知道,"妈妈说,"或许他认为我的职位还没重要到要介绍给新的总经理认识。"

"我不太相信。"爸爸说,"以前你老板都觉得你很重要,不是吗?"

"是啊!"妈妈说,"以前的确是这样,我甚至还以为他很器重我。"

这时候小艾多觉得妈妈心里很难过。这实在很可怕,他不希望妈妈难过。如果妈妈老板的小孩也跟他同班的话,他一定会和其他臭皮匠一起去教训他。

"但他还是很依赖你做的简报吧?"爸爸问。

"是啊。"

"我明白了。"爸爸说。

"真的吗?"

"老板不想把你介绍给新的总经理认识,是因为他觉得那可能会引起新老板的一些其他想法。"

"其他想法?"妈妈问。

"比如说，让你取代他的位置。"

"你是这么认为的吗？"妈妈说，"不会吧，这太愚蠢了，我一点儿都没想过要取代我老板的位置，你看……"

"你太低估自己了，亲爱的，我以前就经常这么说你……"

小艾多看到妈妈开始很认真地思考起来。

"这倒是真的，我老板在那个新的总经理面前的确很不吃香。不过他跟以前那一位经理倒是交情很好！"

"看吧！"爸爸说，"现在他很担心自己的工作。"

"在他唯一带我去参加的那场会议上，我发现新经理还蛮喜欢我的！"

"我倒是希望他不要太喜欢你！"爸爸一边笑着一边说道。

但妈妈呢，却一点儿都笑不出来。

"该死！所以他现在是在让我坐冷板凳！"

小艾多很高兴：妈妈现在的表情已经不再难过了，而是一副很生气的模样。

"这当然，"爸爸说，"你老板是在保护自己的前途。这是人性。"

"那也不能这样！"妈妈说。

"他不知道自己现在惹到的是谁。"爸爸说。

"这话是什么意思？"

"就拿我来说，我很清楚最好不要惹毛你。"

这是真的，小艾多心想。他发现妈妈平常人很好，有时候爸爸还说她简直好过头了，但是她一旦生起气来，却能比爸爸凶很多！

由于小艾多和他那些好朋友已经不太像以前那样，有那么多机会表现骑士风范，现在就有更多的时间可以一起聊天了。而这一天，他们正在讨论以后想做的事。

"我长大以后想开卡车。"基勇说，"不但能到处旅行，而且爸爸说，这样永远都不缺工作。"

"不过这样晚上就不能回家了。"小艾多说。

"是啊！"基勇说，"不过那又怎样？又不一定每天晚上都要回家才行。"

话是这么说没错，不过小艾多心想，如果不能每天晚上都回家的话，他一定会觉得很难过，尤其是如果阿曼汀娜在家里等他的话。

"我想发明电玩游戏。"阿瑟说，"发明一些比我们现在有的还要好玩的游戏，里头有一些角色会穿中国或日本那种漂亮的衣服。"

"你能不能发明一种游戏，让我们所有人都在里面？"欧宏问。

"当然可以。"阿瑟说。

阿瑟本来就很会画画，尤其擅长画长袍类的服装，所以未来有一天，他是有可能真的发明出这种电玩游戏的。

"那你爸妈呢？他们同意吗？"

"爸爸说，为了以后能发明电玩游戏，我得先在学校用功读书才行。"

"说不定不必。"阿平说，"说不定你应该立刻开始学习设计电玩游戏比较好，这样以后才能变得很厉害。"

"我爸爸不希望这样。他希望我在学校好好读书，还说：'以后，你就能做所有自己想做的事了。'"

小艾多想起阿瑟的爸爸有一对很粗的眉毛，而且他觉得阿瑟爸爸一旦说了哪句话，别人就很难对他说出相反的意见来，不像他有时候和爸爸之间那样。

"那你呢？"阿瑟问阿平。

"我啊，以后想当医生。"阿平说。

"哪一种医生？"欧宏问。

"救护车上那种医生，有人发生意外或者快死的时候，就会找他们来，然后他们就会把人给救活。"

"有时候，他们会在医院里等人送来，"小艾多说，"我在电视上看过。"

"都一样，医院里的医生也一样能救人。"

"想当医生的话，在学校必须很用功读书才行。"阿瑟说。

"这当然。"阿平说。

不过对他来讲这不是问题，他在学校原本就已经很用功了。

"说不定你的救护车是基勇开的！"小艾多说，他突然有了这个主意，而且觉得很棒！

"我一定会开得很快，这样才能救更多人！"基勇说。

"就这样说定了！"阿平说。

小艾多却有不同的想法："那么阿瑟就来设计一个你们都在里面的电玩游戏，如果要赢的话就得把救护车开得越快越好，救的人越多，得的分数就越高！"

大家都笑了起来。他们已经开始想象起未来要发明的那个电玩游戏了，而且因为这个主意而开心。

"那么，欧宏，你呢，你想以后当什么？"

"我觉得自己应该会和我爸爸一起工作。"欧宏说。

"可是你作文写得那么好。"小艾多说。

"那又怎么样呢？"欧宏说。

"我是说，你作文写得那么好，盖房子时一点儿都派不上用场。"

"那又怎么样呢？"欧宏说，"我还是要盖房子，然后，到了晚上，就能独自待在家里写作。"

这倒是真的，不过小艾多还是觉得有什么地方不太对。

好友们接着也问小艾多想以后当什么。

"当老板。"他说。

"老板？当哪一种老板？"

"我自己的老板。"小艾多说。

其他人都很讶异。通常小艾多都会把事情解释得很清楚，但这次却搞得大家一头雾水。

小艾多不想把爸爸和妈妈之间，关于妈妈老板那场对话的结论说出来给大家听，因为那就必须从头到尾解释一遍，实在太复杂了。

"真想不到，我因为想知道到底哪里不对劲，已经经受三个月的折磨了！"妈妈说。

"老板的最高权力，"爸爸说，"就是使你不得不一直想着这件事！"

"总而言之，我发现你对这件事倒是了解得非常透彻。"

"亲爱的，像你这样因为老板而不开心的人，我每天都会遇到，所以不管愿不愿意……"

这时候小艾多就问他们说："要怎么样才不会让自己有老板？"

"有个像你爸爸这样的工作就行了。"妈妈说。

"自己当老板就行了。"爸爸说。

"那得要有这种意愿才行。"妈妈说，"而且，无论如何总还会有个顶头上司。"

"或者是有个好老板也行。"爸爸说，"这样是最好的，也比较可能实现。"

"话是这么说没错，但好老板并不是随便就能遇得到的。你运气还真是好哪！"妈妈说。

"你是说，我有个很棒但低估了自己的太太这件事吗？"

"不，是没有老板这件事！"

"啊，不是这样的，我是有老板的。"爸爸说。

"你的老板是谁？"小艾多问。

他很讶异，因为爸爸从来没有提起过自己的老板。

"这个吗，就是我啰。"爸爸说，"这样啊，实在很方便，而且永远都能互相理解！"

这时候所有人都笑了，连妈妈也笑了出来。

晚上小艾多在小本子上写道：

好老板，并不是很容易就能遇到的。

但如果你自己是老板的话，就不会有问题了。

好运的尾巴

　　小艾多经常觉得自己是很幸运的。不过有时这也让他有点儿害怕，因为他担心有一天这种好运会结束。看看学校里的其他人，他就很清楚了，好运是有可能真的会结束的。

　　比方说离婚。他知道班上有好几个同学现在没有同时跟爸爸妈妈住在一起，因为他们的爸爸妈妈已经分开了。当然，其中有些人会说这样很好，因为他们在圣诞节的时候就能拿到两份礼物，也有人说妈妈的新男友很棒，或者爸爸的新女友很棒，不过小艾多很怀疑他们说的到底是不是真的。而且，说这些话的人，通常爸爸妈妈都已经离婚很久了，所以他们都习惯了，能看到事情乐观的一面。不过也有一些同学，爸爸妈妈正在准备离婚，小艾多很容易就能感觉到他们心情很差，除此之外，他们的成绩通常都会开始退步。

此外，失业也是一个例子，通常这都是秘密。不过他也知道假如父母亲当中的某一位丢了工作，花了很多工夫却又找不到新工作的话，家里的所有人都会心情很不好。

不过关于这一点，他倒是很放心，因为他知道以爸爸这份帮助别人的工作来说，永远都不可能会失业。小艾多的妈妈当然有可能会失业，不过如果真的这样，往乐观的一面想，她就会有比较多的时间留在家里陪他！

除此之外，还有一些比这更可怕的事情，有可能发生在像他这样的小孩身上。

他尽量不去想这件事，但还是会经常想起艾洛瓦。

艾洛瓦的年纪跟他差不多，不过因为他们不同班，所以不常交谈，他们只在踢足球的时候说过一两次话。应该说艾洛瓦的成绩只比小艾多差一点点，而且他的人也一样很不错。不过他在音乐方面学得很不错，大家都知道，他放学之后会去上钢琴课，而且他还告诉同学们他想长大之后当钢琴家。

有一次，假期结束之后，艾洛瓦就没有再回到学校来。小艾多从认识艾洛瓦的一些朋友那边，得知他得了某种血液方面的疾病，所以住院了，医生正想办法救他。然后有一天，艾洛瓦又回到了学校，看起来一脸很疲倦的样子，头发变得很短，像是才长出来的新头发，而且所有人都对他非常好。后来又有一天，他离开学校又回到医院去了。接下来的暑假过完之后，大家就没有在课堂上见过艾洛瓦了。一开始并没有人特别注意到这点，因为经常会有学生转学，然后就再也看不到他们了。但后来，小艾多又是从其他人那儿得知，艾洛瓦已经死了。那些医生没能把他的命救回来，但是他们真的已经尽力了。

即使艾洛瓦跟他们并不熟，他们知道他死了，心里还是很难过。光从他们对这件事几乎连提都没提就知道了。

这让小艾多想起爸爸教他的、妈妈却不希望他说的那句话：

凡事还是早点儿开始比较好，因为我们永远都不知道还剩下多少时间。

有天晚上，他躺在床上，想起了艾洛瓦的事。这让他感到有点儿害怕。

当然，小艾多心想，既然他爸爸是医生，一定认识其他很厉害的医生，所以，就算他得了什么严重的疾病，他们也一定有办法救他。不过他还是不敢打包票。更何况电视上那些关于医生的故事中，主角都是最厉害的医生，但偶尔他们还是会有一些病人死亡。这时候，医生们就会脸色沉重地一起喝着咖啡，要不就是互相争吵，尤其是在其中一个是男的，而另一个是女的时。

"小艾多，你还好吗？"是妈妈来跟他道晚安。

每次他心里有烦恼的时候，妈妈都感觉得出来。

"很好啊。"小艾多说。

"你在想什么？"

小艾多迟疑了一下，他也不知道为什么会这样，不过甚至连提起艾洛瓦的事，也会让他觉得有点儿害怕。

"我在想艾洛瓦。"

妈妈是知道这件事的，学校里每个人都知道。

"啊，你是说那个可怜的小男孩。"妈妈说，"他爸爸妈妈也好可怜……"

小艾多觉得连妈妈也突然对艾洛瓦的事情感伤起来了。

"妈妈！"

"怎么啦？"

"艾洛瓦真的死了吗？"

他觉得对妈妈来说，回答这个问题有点儿困难。

"是的，"妈妈说，"他真的死了。"

"就像我们在路上看到被压扁的猫那样，死了吗？"

"嗯，是的，但这不一样！艾洛瓦是个小男孩！现在，他去了天堂。"

"他真的去了天堂吗？"

"是的。"妈妈说。

不过，很奇怪的是，小艾多觉得即使是妈妈，对这件事也不是很确定。

接着妈妈亲了他一下，然后又告诉他，下个礼拜天去参加弥撒的时候，他们再来替艾洛瓦祷告，希望他能一直留在天堂，或者如果他还没到那里去的话，就祈祷他能早日上天堂。

接着，爸爸也来跟他道晚安了。

"爸爸，天堂是什么样子的？"

"你又在想艾洛瓦了，你妈妈已经告诉我了。"

"是啊。天堂是什么样子的？"

爸爸的表情看起来思考了一下。

"你记得自己出生之前是什么样子吗？"

"我出生之前？"

这是一个很古怪的问题。爸爸虽然常常都会提出一些很古怪的问题，但这一次还真是古怪中的古怪。

"我当然不记得。没有人会记得自己出生前是什么样子。就算才出生不久的事，我也不记得了。"

"那就对了，人死了之后也是一样的，就像出生之前一样。"

"是在天堂里吗？出生前也一样吗？"

"没错，但是我们都不记得了。"

"所以我们出生之前都是在天堂里，然后等死掉之后，又回到天堂去了，是吗？"

"答对了。"

"那么妈妈也这么认为吗？"

"是的。"

"既然大家都不记得了，她又怎么知道天堂是什么样子的呢？"

"有些人对天堂比较有概念，有些人则没有。"

"但是不管怎么说，还是有天堂的，是吗？"

"是的，"爸爸说，"是有天堂的。尤其对像你和艾洛瓦这么乖的小孩来说。"

小艾多觉得心里比较好过一点儿了。人会死，这是真的，但还有天堂，就算大家对天堂到底是什么样子，意见各不相同，但总而言之，我们就是从那里来的，所以在那里一定能过得很好。妈妈由于平常都会去参加弥撒，所以对天堂是什么样子比较有概念，但爸爸的意见和妈妈看起来也是一致的。

他又想起了艾洛瓦，想起他那头刚长出来的新头发。他很高兴知道艾洛瓦现在在天堂，因为他真的是个很乖的孩子。

然后他就真的进入了梦乡。

老师的生活方式

小艾多每天都能在教室里见到老师，他觉得对老师来说，这也算是一种生活的方式，不过应该还有其他不同的生活方式。

小艾多的老师没有和父母住在一起，因为大人都不会再跟自己的爸爸妈妈住在一起。他已经开始有度假的生活了，即使对他来说并不完全算是度假，因为他必须把时间都花在跟大家介绍希腊上。他也一定有一部分生活是和朋友们一起度过的，只不过小艾多从来都没见过他们。

有一天放学之后，小艾多对老师的其他生活有了一个重大的发现。那天他和基勇一起回家，因为他们两人的家离得不是很远，所以大人同意他们自己回家。你知道他们突然看到了什么吗？

在他们前面，现在的老师，正和去年那位有着浅栗色眼睛、人很好的女老师走在一起。

小艾多与基勇靠近了一点儿，但还是保持距离，因为不希望自己被发现。

他们老师正在对女老师说话，而她也很客气地回答。不过他一直看着她，而她则一直看着正前方。

霎时之间，小艾多明白了老师的心情，恰好就像他爱上阿曼汀娜那样。即使像老师这样在课堂上那么受女生欢迎的人，面对一个像女老师这样的大人，也一样不太容易吃得开。

所以，小艾多觉得这刚好证明女孩子真的很麻烦。然而，学校却从来不会教这些，更何况，连他们老师自己都搞不定这档事了，又要怎么教他们呢？

基勇与小艾多又跟了他们一会儿，但后来基勇说他得回家了，否则，他妈妈就会担心得去报警（有天晚上基勇留在学校附近的一块空地踢足球时，她就这么做过）。

晚上，小艾多把自己看到的情形说给爸爸和妈妈听。

"很好。"妈妈说，"但是不要说给其他人听。"

"连好朋友也不能说吗？"

"没错。"妈妈说。

"基勇已经知道了。"爸爸说。

"这不一样。"妈妈说。

"总之，最重要的，"爸爸说，"就是你，你什么都不要讲。"

"为什么呢？"

"因为如果这件事被别人知道的话，有些心地不好的学生，可能会取笑你们老师和女老师。如果真的发生这种事，最好不是你造成的。"

小艾多立刻就懂了。这跟他的情形有点儿像：如果别人知道他跑去跟阿曼汀娜讲话，也可能会取笑他。

"人生当中，"爸爸说，"永远都要想想事情的后果会如何！"

小艾多很清楚地记得这堂人生的课，看来爸爸非常喜欢这句话。

"这倒是真的。"妈妈说，"但有时候在人生当中，无论后果会如何，总得因为某些事情是好的而去做，你难道真的不相信这一点吗？"妈妈问。

"而且要坚守原则吗？"

"没错。"妈妈说。

"比方说哪些事？"爸爸问。

妈妈开始思考起来。

"比方说揭发某些做了坏事的人，即使会因此而冒着丢掉工作的危险。"

"你是在说你自己吗？"

"或许吧！"妈妈说。

"其实我也同意。"爸爸说，"我是会这么做的，我会去揭发某些做了坏事的人，但不会让人家发现是我干的。"

"你还是一点儿都没改变。"妈妈说。

"这就是你喜欢我的原因啊，亲爱的。"爸爸笑着说。

这也让妈妈微笑了一下，但小艾多发现她心里还是很烦恼。

晚上，他在小本子上写道：

做好事是应该的，但不能被人家发现。

艺　术

一个礼拜三的下午，跟平常不太一样。老师带全班同学去了美术馆，是和别的班一起去的。噢，真令人惊喜！是和阿曼汀娜他们班一起去！而那个班的老师，就是小艾多他们以前那位女老师，也就是他们老师很喜欢的那一位。

小艾多非常兴奋，他心想，这一次，应该比在操场上更容易跟阿曼汀娜讲到话。

不幸的是，载他们去的那辆游览车上，是让同一个班的人先上车，然后才轮到另一班，所以他的位置在阿曼汀娜后方，至少有四排之远。而且，她看起来并没有特别注意他的样子。

他曾试着去和克莱儿聊天，心想这样或许能引起阿曼汀娜的注意（前一天晚上，爸爸对他说过："当你对一个女生感兴趣时，偶尔要假装自己对她的某个朋友也感兴趣才行。"然后小艾多的妈妈便发了很大的脾气）。不过，克莱儿现在在赌气，她在怪小艾多不愿把她当成要好的女朋友，所以他觉得和她之间已经完了。他心里想，不管怎么说，克莱儿有一头金色的鬈发和一只小巧的鼻子，还算是挺可爱的，所以他也开始自问，没有接受她做自己要好的女朋友，是不是一个超级愚蠢的决定？他也知道这种感觉就叫作"后悔"，让人很不好受。

在美术馆里，他一点儿时间都没浪费，很快就靠到阿曼汀娜身边。老师叫他们两人一组牵着手走路时，他就牵起了她的手。她也同意让他牵。

他们两个一起走上美术馆的阶梯时，小艾多心里充满了喜悦。老师解释说，这间美术馆的建筑风格，跟希腊人盖的神庙有点儿像，但小艾多没有认真听。女老师的位置离得有点儿远，并没有站在他的身边。

"你呢，你喜欢这些希腊的东西吗？"小艾多问阿曼汀娜。

"我也不知道，"阿曼汀娜说，"但来美术馆是一件很炫的事。"

"是啊，而且你等一下就会知道，我们老师对希腊的事情懂得很多。"

好，这个开场白说得还算不错，但是他不能老是停在这里没有进展。问题是，他实在想不出该讲些什么话题比较好。突然，他看见他们老师走到了女老师的身旁。

"我觉得我们老师很希望你们老师当他女朋友。"小艾多说。

"真的吗？你是这么认为的吗？"阿曼汀娜睁着她的大眼睛问。

小艾多心想，自己讲出这番话来，可能又算蠢事一桩，但现在后悔已经来不及了，而且他本来就得想一些有趣的话题来讲才行。

"是啊！"小艾多说，"要不然你看！"

事实上，如果仔细观察的话，就会发现他们老师跟女老师说话的时候，表情非常高兴，即使她的表情只有一点点高兴的模样。

他们所有人都进入了美术馆。里头宽广得简直跟一座大教堂一样。老师领着他们走到雕像前面，一尊一尊地为他们解释那是什么。

海格力斯——当然，有些人会说他的肌肉强壮得像绿巨人浩克，手拿狼牙棒——身披兽皮，却没遮住自己的鸡鸡。这一瞬间，小艾多突然怀疑起自己鸡鸡的大小是不是在正常范围。海格力斯的看起来好大，不过接着他也明白了，跟海格力斯的体形比起来，那一点儿都不算太大。而且他知道鸡鸡以后是会长大的。所以现在不需要太过担心。

"我爸爸跟海格力斯一样厉害！"恰好在他们身后的欧宏说道。

"真的吗？"

小艾多并不这么认为，不过欧宏是和他那么要好的一个朋友，就没必要跟他争论了。他又想起自己在本子里写下的人生第一课：讲话的时候，千万不要忘记对象是谁。更何况，这一点实在很难判定，因为海格力斯已经死掉很久了，而欧宏的爸爸也一定没试过他曾做过的那些事，比如说杀掉或逮住很多凶猛的动物，甚至是一个半人半马的怪物，或者一只多头怪龙。老师解释道，海格力斯并不是神，而是半人半神，他会像人一样死亡，不过死后却还是会到神的天堂去。

这有点儿像超人，小艾多心想。超人很厉害，可以做所有自己想做的事，但还是有可能因为氪星石而死亡。

老师继续讲述他的故事，真的很有趣。海格力斯曾经深爱过一位名叫欧菲儿的公主。为了获得她的芳心，他必须成为她的奴隶。而为了服从她，有一整年的时间，他还必须装扮成女孩的模样，工作内容也跟欧菲儿的女仆完全一样：编织、做饭、洗衣。最后，他终于成了欧菲儿的丈夫。

小艾多心想，如果阿曼汀娜这么要求的话，他可能也愿意成为她的奴隶。不过这样就得有一整年的时间都打扮成女孩子的模样……

这时候，阿曼汀娜问老师，有没有海格力斯打扮成女孩子的雕像，但老师说没有。

真可惜，要不然一定会很好笑，不过海格力斯一定很不希望人家看到他打扮成女孩子的模样，所以不愿意人家把他的那种造型做成雕像。

"如果你要我打扮成女生的样子，我也不知道自己会不会答应。"小艾多说。

阿曼汀娜的表情很惊讶，然后，她开始狂笑起来。小艾多看到她被自己逗笑了，也觉得很高兴，可是她一直笑个不停，这又使他怀疑她是不是有一点儿在取笑他的意味。

终于，她停了下来，还擦了擦因大笑而挤出的眼泪。

这一次，他们来到一堵墙前面，上头挂着红黑颜色的美丽图画。他们看到一些裸体的战士，全身上下只戴着头盔，手持长矛互相攻击。其他没戴头盔的，则都坐在长椅上，神色非常轻松。老师解释说，这是诸神在怂恿其他人打架。

小艾多觉得这个主题如果拿来做成电玩游戏，让他和自己的好朋友们来当主角，一定很棒。

他发现阿曼汀娜已经开始觉得有点儿无聊了。

"这还少了一点儿颜色。"小艾多说，"如果让我来画，一定会画得更好。"

"啊？"阿曼汀娜说。

"是啊，我会把人画成玫瑰色，把神画成金色。"

"这样会很漂亮。"阿曼汀娜说。

"然后，我会把你画在里面，你会跟神坐在一起，因为你是女神！"

阿曼汀娜看着他，他也一样。

然后小艾多把她的手握得更紧了，阿曼汀娜也一样。突然之间，小艾多觉得已经搞定了，现在阿曼汀娜看他的眼神，就跟他看她一样。

"孩子们！"女老师叫道。

他们两个由于互相对看的关系，根本没注意到所有人现在都已经走到一座美女与天鹅雕像的脚边，那位美女看起来很喜爱她的天鹅。

男老师为大家解说，而女老师看管着所有的孩子，这时候小艾多则小声地在阿曼汀娜耳边讲话。太好了，他现在随时都找得出话题来聊天了，而且还能把她逗笑，她则会用那双美丽的蓝眼睛看着他，使他为之痴狂。

"孩子们，所有这一切，"老师一边指着美术馆里所有的东西，一边说道，"就是我们所谓的艺术。"

小艾多觉得艺术是很好的东西，因为它随时都能让人思考，而且还能吸引女孩子，尤其是阿曼汀娜。

那天晚上，他终于决定在自己的小本子上画画了。画画，也是一种艺术，老师是这样说的。

他想试着画阿曼汀娜，美丽的她，像女神一样躺在长椅上，而他自己则站在一旁，跟海格力斯一样强壮……但是他画坏了。他很生气，把那一页撕了下来，然后撕成很小的碎片，因为他不希望有人看到一张画得这么糟的图画。画中的人一点儿都不像阿曼汀娜，而且不会有人认得他也在里面。艺术，还真是难啊！

后来，为了弥补，他还是想找出一些有趣的事情写到自己的小本子里，不过一开始却想不出来。

一想到阿曼汀娜看着他的眼神，他就觉得无比快乐，整颗心满溢着幸福。

最后他写道：

人幸福的时候，就不想写东西了。

发现新人生

现在对小艾多来说，人生变得更丰富了。除了原有的四种之外，他又得到了第五种：与阿曼汀娜在一起的人生！

和阿曼汀娜在一起的时间其实并不多：他们只有下课时才能见面，而且时间也不是很长，因为小艾多还有自己的男同学和女同学。无论他或她，都不想就这样错过与对方相聚的机会，于是，小艾多偶尔会去和阿曼汀娜及她的朋友们一起玩，有时候她则会过来找他们五个臭皮匠。所以，小艾多开始学习怎么像女生一样玩耍，阿曼汀娜也跟着学他们男生的游戏。

她们女生很喜欢聊天，尤其喜欢讲操场上其他人的事，喜欢聊他们在做些什么。至于男生呢，则喜欢跑来跑去、玩弹珠、打球和推来推去，不过小艾多跟他的朋友们特别喜欢讲故事。阿曼汀娜也很爱听故事，而且因为小艾多的故事本来就讲得很好，所以效果还不错。

他们总是讲以下这种故事：

小艾多和好朋友们都在一艘船上。哎呀！来了一场很大的暴风雨，还有一只巨大的章鱼从船底攻击他们，所以船沉了。不过大伙儿还是合力把章鱼给杀了，然后逃上一艘小艇，就开始在海上漂流。他们实在太渴了，只好捕一些小鱼，并试着喝自己的尿解渴，因为除了那些不能喝的海水之外，他们没有其他的水了。

（讲到这里，他们有一派认为喝自己的尿会变得更渴，另一派则认为稍微喝一点儿就可解决问题，他们彼此之间讨论了很久。最后，阿平提出一个问题：那么吃自己的便便会怎样？然后大家就哄堂大笑，只有阿曼汀娜没笑，于是他们便不再讨论故事里的这个部分。）

后来呢，他们到了一座荒岛上，就在大伙儿休息的时候，阿曼汀娜与她的同伴们乘着飞机经过。很不幸的是，她们的飞机正好就在这座岛的火山爆发时经过，飞机着了火并且掉到海里去了，就在飞机断成两截之前，她们全都掉进了水里。

（或者是她们乘着降落伞跳下来。阿平曾经搭过飞机，告诉他们飞机上并不会提供降落伞，只有救生衣，充气之后或许可以减缓下坠的速度，但效果并不是很好。）

小艾多和他的朋友们看见她们掉在远远的那边，于是造了一艘木筏赶过去救人，途中却遇到了鲨鱼，所以必须先用木筏上的杆子杀掉它们。（讲到这里，他们又为了木筏上到底是不是有杆子而讨论了一下。）有时候鲨鱼会跳出水面攻击人，所以他们都被咬伤了，不过这样更好，能吸引鲨鱼过来，而这段时间那些女孩子们就可以平安无事了。最后，他们终于杀光了所有的鲨鱼，或者只是吓跑了它们，因为欧宏提醒大家说，他们不可能杀光海里所有的鲨鱼，因为鲨鱼实在太多了。然后他们打算把女孩子们都接到木筏上，可是她们没穿衣服，所以都不愿上来。

（讲到这里，因为阿曼汀娜也在，小艾多反应很快地提议说，他们把自己的衣服脱了一些下来给女孩子们穿。这么一来，他们就都只穿了一点点衣服，而她们也能爬上木筏来。）

他们所有人一起回到岛上，在那里，女孩子们帮男孩子们包扎被鲨鱼所咬的伤口；男孩子们则盖起了小屋，阿瑟还用树叶帮她们做了漂亮的衣服，于是大家过着非常幸福的生活，后来还生了小孩。后来孩子们长大了，岛上的人口越来越多，形成了一个国家，然后他们全都变成了总统和总统夫人，大家经常在电视上看到他们。

由于小艾多很会起头说这样的故事，几乎每天都说，因此就不难想象，为什么其他人都很乐意帮他把故事接下去，而那些女孩子们，尤其是阿曼汀娜，又是多么喜欢和他们在一起玩了。

接着，小艾多和阿曼汀娜终于有时间稍微独处一下了。他告诉她说，她是全世界最漂亮的女孩，还说长大以后他们就要结婚。她也回答说好，还问他要生一个、两个或三个小孩，要儿子还是女儿？

小艾多觉得非常非常幸福。在他的人生中一切都非常顺利：

他有很要好的朋友、很棒的老师、很出色的成绩、全世界最棒的父母，而且还有很棒的女朋友。

晚上，他在小本子上写道：

这就是幸福了。

我希望一切都像今天一样，直到永远，直到我长大之后也一样。

他又读了一遍这个句子，心里却想着：想要这一切真的都恒久不变，实在很难。

人生并不是这样子的，他有这种预感。

学习金钱概念

　　小艾多知道，钱是很重要的：有钱才能买漂亮的球鞋，买电玩游戏，或者到饭店吃饭。每个月缴他们家房子的贷款，也需要钱。爸爸妈妈曾说过，一直要等到他长大以后，他们才能完全把贷款缴清，当时小艾多便对自己说道，原来想好好地享受这栋房子，还得再等好长的一段时间哪。

　　幸运的是，他知道爸爸妈妈都在赚钱。现在他才知道，爸爸平常帮的那些人都会付钱给他。这是很正常的，要不然，他怎么可能还有其他时间去赚钱？而妈妈平常做那些简报，也一样是在赚钱。不过他们很少提起这些事。

有一天，他们一家三口一起在厨房里吃早餐，小艾多问爸爸和妈妈，他们每个月都赚多少钱。爸爸以一种很讶异的眼神看着他。

"为什么要问我们这种问题呢，小艾多？"

"因为在学校里，有些同学会告诉大家，他们爸爸妈妈赚多少钱。"

"这是不对的。"妈妈说，"他们的爸爸妈妈不该跟他们说这些。"

"为什么呢？"小艾多问。

爸爸妈妈互相对看了一下。

"因为你以后还有机会去思考这个问题。"妈妈说，"现在对你来说最重要的事，就是好好体验人生，在学校用功读书。"

"但钱也是人生的一部分，不是吗？"

妈妈叹了一口气。

"话是这么说没错，但是……"

爸爸看起来一副在思考的表情，然后说道："如果孩子们开始对自己的爸爸妈妈赚多少钱感兴趣，就会发现有些人赚的钱比其他人多很多或少很多，你知道吗？"

"知道。"

这是真的。在学校的时候，有人问阿瑟这个问题时，他便告诉大家他爸爸帮人家报税和解决财务问题可赚多少钱。其他知道自己爸爸妈妈赚多少钱的人听到之后都很失望，因为他们的父母都赚得比阿瑟的爸爸少！而且小艾多发现，他们都觉得很难过或有点儿嫉妒。幸好欧宏、阿平和基勇都不知道他们的爸爸妈妈赚多少钱，小艾多觉得他们赚的钱应该少很多，光看他们穿的衣服就知道了，因为都不是最好的牌子。

"这就对了！"爸爸说，"然后孩子们就会开始互相讨论：我爸爸妈妈赚的钱，比他爸爸妈妈或她爸爸妈妈还要少很多。原来我的爸爸妈妈可能不是最好的，因为他们没有能力赚很多钱。其他人比我还要幸运得多。"

"难道不是这样吗？"

"不是！"妈妈说。

"想要当个幸福的人，最重要的，是要有一对很爱你们的父母。"爸爸说。

"而且父母亲的感情要很好。"妈妈说。

这下子小艾多已经懂了。阿瑟的父母亲很会赚钱，却经常吵架。有一次，他还告诉小艾多说，有时候自己一想到要回家就很难受。

"如果有一天，大家都开始比较谁的爸爸妈妈更会赚钱，那就很不好了。"爸爸说。

"爸爸说的对。"妈妈说。

"小艾多，人生当中，"爸爸说，"要错过幸福最好的方法，就是跟别人做比较。"

妈妈微笑着，执起爸爸的手。小艾多觉得很高兴，自己今晚有东西能写在小本子上了。

"不过，不管怎么说，钱还是要赚的，对不对？"

"当然啰！"爸爸说。

"我们得赚足够的钱，才不会有财务上的烦恼。"妈妈说。

"但是怎样才知道自己赚的已经够多了呢？"小艾多问。

"赚的钱跟自己想花的几乎一样多时。"妈妈一边笑一边说。

"话是这么说没错，但要怎样才能知道呢？如果我们想花的是三倍的钱呢？"

爸爸妈妈互相对看了一下。

"小艾多，"爸爸问，"如果我们有一间三倍大的房子，或者你给自己买的电玩游戏比现在多三倍，你会觉得比现在更幸福吗？"

小艾多试着想象自己住在一间三倍大的房子里，电玩游戏多三倍的情景。他发现那跟阿瑟过的生活有点儿像，因为他爸妈也有一栋很大的房子。阿瑟的电玩游戏是那么多，甚至根本没时间把所有的游戏都搞熟，好进阶到最高级。

"大概不会比现在幸福吧！"小艾多说。

"而且，"妈妈说，"就算你这样想，也可能会希望自己的财富是这个的三倍之多，也就是我们目前的九倍！"

"还要再乘以三才行！"小艾多说，"也就是目前的二十七倍！"

"为什么不再乘以三呢？这么一来就会变成八十一倍了！"爸爸补充道。

"然后又变成两百四十三倍！"

"然后又变成七百二十九倍！"

小艾多跟爸爸妈妈就这样继续算了起来，直到乘法已经无法在脑海里推算出来。他把腰都给笑弯了。

他明白了：赚更多的钱，并不代表就会变得更幸福。爸爸说，他平常帮助的一些人，原本赚的钱就已经不少了，不过还是很不快乐，因为他们知道还有其他人赚的钱是他们的三倍。

"最重要的，是要有一份自己喜爱的工作。"爸爸说。

"而且人家付给你的酬劳，要差不多等于你所付出的劳动力。"妈妈说。

小艾多明白了，就像在学校里得到的成绩那样。如果老师只给了一个很普通的分数，而实际上被评分的人却认为自己已经非常用功，那么一定会觉得很伤心，愤愤不平。

"但是如果某个人最喜欢的事情就是赚钱呢？"小艾多问。

"那么，他的工作内容最好能与钱直接相关。"爸爸回答。

"就像阿瑟的爸爸一样吗？"

"没错。"

"但是阿瑟，他长大以后，希望能帮女生设计礼服。"

爸爸妈妈互相对看了一下。

"假如这是最能让他觉得幸福的事，"妈妈说，"那么也不错。"

"总之，他还有时间慢慢决定。"爸爸说。

实在很奇怪，每次小艾多提到阿瑟希望能帮女士们设计礼服时，总是让爸爸妈妈看起来陷入沉思。不过，轮到他像上次那样，提到希望自己长大后能当个侦探的事情时，反而使他们哈哈大笑。

当侦探这回事呢，对他而言比帮女生设计礼服重要许多。他还想对爸爸妈妈提出这个问题，不过早餐已经吃完了，没机会问了。

当晚，在小本子里，小艾多写道：

要错过幸福最好的方法，就是跟别人做比较。

想赚很多钱，就要在有钱的地方工作。

钱不够多的时候，就会带来烦恼。

赚三倍的钱，可能会让人想再多赚三倍，甚至再多赚三倍。

然后，他就把他们一起讲过的所有乘法都记了下来，接着还有其他的，一直写到一组可能稍微相当于阿瑟爸爸赚的钱的数字为止。

去喝下午茶

今天一定会是有趣的一天，因为小艾多受邀到阿瑟家去喝下午茶。

妈妈开车载他去。小艾多很高兴：这跟他每个礼拜天单独和妈妈一起去参加弥撒的感觉很像。

他们抵达阿瑟父母那栋很大的房子，这里比小艾多父母的房子还要大上两三倍。他在院子里认出阿瑟爸爸的那辆大车，颜色是很漂亮的银色，跟他平常帮人报税所赚的钱颜色一样。

阿瑟的妈妈来开门。实在很好笑：她穿着围裙，好像还在做菜。然后两位妈妈很客气地聊了起来，这时候小艾多便往客厅里直冲，他所有的朋友都已经在那儿，还有满满的蛋糕和三明治当下午茶。应该说他所有的朋友都在吗？其实并没有：阿瑟当然在那里，阿平也在，但欧宏和基勇没来。小艾多问他们什么时候会到。阿瑟看起来很尴尬的样子：他爸爸妈妈忘了打电话给欧宏和基勇的父母。现在已经来不及了。

"说不定他们还是会来的。"小艾多说。

"我也是这么希望的。"阿瑟回答。

但小艾多发现阿瑟的表情很尴尬，有点儿像他对爸爸说起阿瑟妈妈想跟他当好朋友的事情时，爸爸脸上出现的表情，还要他绝不能把这件事说出去。阿瑟心里一定也有秘密，但到底是什么呢？

不过他们还是玩得很开心，那里还有一些他不认识的小孩，包括阿瑟的邻居，穿着有点儿长的短裤和白色的长筒袜；阿瑟的两位表姐，比他的年纪大一点点，上的是一所女子小学，除了礼拜天之外，每周五也都要和妈妈一起去参加弥撒；还有他们学校的其他三个女生，阿瑟经常跟她们玩在一起，他甚至还会帮她们画一些衣服的图样，她们也都很喜欢。当然，阿平也在那儿，所以五个臭皮匠共来了三个，而其他两个也可能还会赶来。

小艾多开始跟那两个自己不认识的男孩说话，问他们为什么要穿那么长的短裤和白色长筒袜，不过他们不是很高兴人家这么问。在他们学校，大家都是这么穿的，他们回答，而且他们读的是很好的学校。小艾多觉得一定有人嘲笑过他们的穿着，所以这个问题才会让他们那么敏感。然后，他又问他们知道哪些电玩游戏，令人讶异的是，他们一个都不知道。爸爸妈妈不希望他们打电玩游戏，那对小孩子来说很不好，所有的父母应该都是这么认为的。小艾多觉得自己又做了一件蠢事。所以，他便转过来找阿瑟的那两位表姐，她们正坐在沙发上窃窃私语，讪笑着在场的所有人。他问她们参加弥撒时会不会觉得无聊，一个礼拜两次，实在有点儿太多啊！

"噢，不会！"其中一个绑辫子且一脸严肃的女孩说，"这是在跟天主沟通。"

"我还是觉得有点儿无聊。"另一个说。她绑着一条马尾，微笑着说。

"我呢，每次听到'天主的羔羊'时就很高兴，"小艾多接着说道，"因为它预示着再没多久弥撒就会结束了！"

"啊，是啊，这倒是真的！"笑脸的那个说，她名叫安妮。

"觉得参加弥撒很无聊，是不对的。"严肃的那位说道。

她名叫卡洛，年龄比另一个大，看着就跟个大人一样。

"我也同意你说的，但如果我们掩饰得很好，不让别人发现呢？"小艾多一边说道，一边极力克制，不想再看她。

"天主会看得到，会觉得很伤心。"

"说不定他能理解。"小艾多说。

"最重要的,还是要平时的品行良好。"安妮说,"主日学的神父是这么说的。"

"但觉得参加弥撒很无聊,毕竟还是有罪的。"卡洛又补充道。

小艾多觉得和她讲话有点儿累,但和安妮就不会。所以,他问安妮要不要跟他一起玩。

"玩什么呢?"安妮问道。

这是个好问题。桌上有满满的东西可吃,沙发也很舒服,还有个壁炉可躲在里头睡觉,但没有玩具,也没有电玩游戏。

就在这时候,阿瑟的妈妈出现了,对大家说道:"孩子们,今天天气很好,大家可以到院子里去玩。"

于是所有人都往院子里冲,因为那里的空间很宽敞,甚至还有几棵树,实在太棒了。院子里有一架秋千;一只白色木马,坐上去之后会摇啊摇的;还有一张吊床、一堆球、一张小桌子和椅子;甚至还有一座小木屋,外头涂了七彩的颜色,还有窗户与百叶窗帘。阿瑟邻居的小孩们决定要当小牛仔,而小艾多、阿瑟和阿平,则当印第安人。那座小木屋就是小牛仔的堡垒。印第安人在四周攻击,而小牛仔则在上头防御。有时候,会有某个人跌下来,因为他阵亡了。这游戏阿瑟并没有玩得太久,就跑过去找那些围坐在桌子旁的女生了。她们正在玩"爸爸妈妈邀请客人来吃晚餐"的游戏，装出端着餐盘的模样。客人们批评说"煮得太老了""菜凉了"，甚至还说"香肠上有便便"，然后大家都笑弯了腰。

终于，阿瑟邻居的小孩从小木屋里出来了。换阿平和小艾多进去，现在轮到他们来防守，不过邻居的小孩还是一直要闯进来，想把他们给推出去。小艾多发现阿平已经忍不住想打他们了，于是他赶快把阿瑟叫过来。他们打了起来，阿瑟表示他妈妈不希望看到大家打架。然后大家就冷静下来了，但小艾多觉得阿瑟邻居的小孩和他们已经不再是朋友了。

他们跑到秋千那里玩，连女生也过来一起玩。小艾多和阿平下了秋千，然后看到那一对姐妹在空中荡得很高。有时他们还能看到她们的内裤。

阿平跟小艾多说他看到女生们玩秋千，身体就感觉到很奇怪。小艾多也是，有时候他梦到比阿曼汀娜还要大的女孩时也会有这种奇怪的感觉。但他们又想不明白是怎么回事。

这又是一个该问爸爸妈妈的问题了。

天开始慢慢变黑了，阿瑟的妈妈把他们叫进屋去，还准备了一些小三明治和各种颜色的饮料。

他们吃了一点儿东西，又喝了一点儿饮料。阿瑟的妈妈拿来一些纸和画笔，所有人都开始画起图来。其实不能说是所有人，因为阿瑟邻居的小孩又出去玩球了。阿平画了飞机和载满大炮的船，小艾多则画了有触角的怪兽，还有会让女生吓得尖叫的超大型蜘蛛。那些女生画了房子、院子，阿瑟则在院子里又画了一些人。阿瑟画得很好，跟大人画的差不多。他画的所有人物都穿得非常讲究，女士们都穿着漂亮的礼服。

傍晚快结束了，小艾多有点儿感伤，因为他一整天都没看到阿曼汀娜了，第二天也不会见到。他对阿瑟说过希望能邀请她来，不过阿瑟说他的爸爸妈妈并不认识阿曼汀娜的爸爸妈妈。这是个很蠢的理由，因为有一天小艾多见过他们两个的妈妈在讲话，阿曼汀娜的妈妈看起来很高兴能和阿瑟的妈妈聊天，阿瑟的妈妈则相反。

没过多久，阿平的爷爷来了。他是一位看起来非常沉稳的男士，说话很有礼貌。他有一种奇怪的口音，阿平则一点儿口音也没有。他很客气地和阿瑟的妈妈寒暄，然后就带阿平回家了。

小艾多继续跟那些女生及阿瑟画画。有一刻，他听见门铃响了，不过并不是很在意。接着，他突然很想上厕所，却有点儿迷路，不小心来到某扇门的门口。在这里，在一个门半开的房间，他看到爸爸和阿瑟的妈妈站在一起，靠得很近地小声说话。爸爸的背朝着他这边，但是他看到阿瑟妈妈的脸庞靠他爸爸很近。他看到的这一切让他很害怕：他们在谈恋爱！

这对他造成了很大的冲击，于是他飞快地奔向另一个方向。幸运的是，他立刻找到了厕所，把自己关在里头。他坐在马桶上，就这样尿尿。他一直坐着，企图思考一下，但脑袋一片空白。

他就这样坐了很久，直到听见有声音在叫自己，阿瑟的妈妈在叫他、爸爸在叫他、阿瑟也在叫他，但是他没有回答。最后，他看到有人转了厕所的门把，还听到阿瑟妈妈问他是不是在里面。这一次，他回答说自己快好了，就要出去了。

稍晚，他坐在车子后座，看着正在开车的爸爸，一点儿都不知道该说些什么。他甚至不敢再问他，为什么自己做梦或看到比较大的女生时，就会有非常奇怪的感觉。他唯一确定的，就是已经不再感觉到自己很幸福了，幸福，就在今天结束了。

晚上，他在小本子上写道：

幸福，是一瞬间就能结束的。

小·艾多长大了

一个礼拜天傍晚，小艾多的爸爸在看报纸，妈妈则去做体操了。

"爸爸！"

"怎么啦？"

"有一天我会和阿曼汀娜结婚吗？"

"啊，这个我不知道。那是很久以后的事。你们会永远喜欢对方吗？"

"是的，我会一直都喜欢她。"

爸爸很严肃地看着他。

"你会这么想很好，不过你也知道，有些事是没办法那么确定的。对她来说也一样。"

"你的意思是说，我们可以很爱一个人，以后却可能不再爱对方？"

"是啊，这是有可能发生的。你看看有那么多人离婚就知道了。然而，他们结婚的时候，都是很爱对方的。"

这件事小艾多也知道，而且也为此思考了很久。

"你一直都很爱妈妈吗？"

爸爸看起来一副很讶异的表情。

"当然啊！你为什么会问这种问题？"

小艾多很难说出口。

"因为那一天……"

他说不出话来了。

"哪一天？你是说我跟你妈妈稍微有点儿争执的那天吗？"

那天爸爸妈妈要一起去外面吃晚餐，因为妈妈还没准备好，所以爸爸发了一点儿牢骚，后来他们迟到了，妈妈说自己迟到的原因，是因为她在工作之余，还有太多事情要打点才能照顾好家里的两位艾多！当时小艾多正和保姆在客厅看动画片，但全都听到了，不过对他来说这不是很严重，因为他们并不是真的在吵架。

"不，我是说那一天……"

"到底是哪一天？"

"去阿瑟家……喝下午茶那天。"

这样，事情就比较明朗了。他看见爸爸很认真地思考着，突然，他想通了，明白小艾多的意思了。

"你是不是看见我跟阿瑟的妈妈在一起？"

"对。"

"那时候我是在和她说话。"

"话是这么说没错，但你们讲话时靠得很近！"

"不，也没有很近。"

"而且你们讲话的时候很小声，不想让别人听到！"

"那是因为不想打扰到你们。"

"我们离那里很远。"

"大人有些事情，可能是不想让小孩子听到的。"

"比如说什么事？"

小艾多几乎快哭出来了，爸爸也发现了。

"小艾多，我不能把所有的事情都告诉你，有些事你长大以后才会明白。你懂吗？"

"我不懂！"

爸爸又思考了一下。

"好吧，我能够告诉你的，就是我很爱你妈妈，而且永远都不希望跟她分开。这一点，你听懂了吗？"

"懂……"

"但这件事情千万不要让阿瑟知道，因为他妈妈永远都不可能成为我的好朋友，而他如果知道，就会为了一件不可能发生的事情而担心。你明白吗？"

"好。"

"所以，你根本不必为这件事烦恼。证据就是，我见到阿瑟妈妈的场合，就只会在校门口，而且你也一定会在旁边。明白了吗？"

"明白。"

"所以，我希望你不要再烦恼了，因为你妈妈和我，是永远不可能分开的。"

"不过你刚才说，有些事是没办法那么确定的……"

"话是这么说没错，但你妈妈和我，我们都是大人，所以都很确定。"

"好吧。"

小艾多觉得放心多了。爸爸的表情一点儿都没有别扭的样子。所以，他说的是真话。

阿瑟的妈妈或许很想当他要好的女朋友，即使他的车并没有阿瑟爸爸的那么漂亮。不过，爸爸呢，并没有这种想法，就有点儿像小艾多跟克莱儿那样。他的爸爸和妈妈，就像他与阿曼汀娜，永远都会爱着彼此。

"很好！"爸爸说，"现在，我要跟那天一样，跟你做个约定。否则的话，你妈妈就要开始烦恼了。"

"这件事要保密吗？"

"没错！如果你会担心的话，就跟我说，而不要告诉妈妈。这是男人之间的约定。你明白吗？有些事是男人之间的事，如果你愿意的话，也可以说是男孩子之间的事。有些事则只有女孩子们自己才知道。明白吗？"

"明白。"

"保密，就代表一个人已经长大了。明白吗？"

"明白。"

"那么你还有其他烦恼吗？"

"有。"

"真的吗？什么烦恼？"

"有时候我的身体会变得很奇怪。"

爸爸的表情看来放松不少。

"关于这个，我想先了解下详细情况，再跟你解释……"

晚上，小艾多在小本子上写道：

能保密，就代表一个人已经长大了。

身体上的变化也是因为长大了。

这是因为有爱。

如果两人相爱，就能直到永远。

宗　教

　　星期一，五个臭皮匠都到了学校，小艾多、阿瑟、阿平，还有没去阿瑟家喝下午茶的基勇和欧宏。

　　小艾多对他们说，他们没能去喝下午茶真的很可惜。欧宏什么都没说，但小艾多发现他的表情有点儿难过。基勇则说："我根本不知道有这回事！"阿瑟就拼命解释，但讲得不清不楚，说这个下午茶是很晚才决定要办的，所以他爸妈来不及打电话通知基勇的爸妈。阿平说下一次如果是在他家办下午茶的话，他会自己事先通知他们，这样的话，就不会再有他们家长之间的这种问题了。

阿瑟的表情看起来很窘，小艾多心想，自己提起他家这场下午茶的事，可能有点儿蠢，但又没有人告诉他说这不能讲。

这一天，老师开始讲到宗教的事情。

小艾多很高兴，因为他对这方面的问题越来越感兴趣了。他平常都会和妈妈一起去参加弥撒，但也知道其他四个臭皮匠当中，没有人跟他一样。

有些宗教已经没有人信仰了。也就是说，那些神已经死了。

"那么，要怎样才知道某个神死了呢？"阿平问。

老师脸上出现思考的表情。

"这个……如果已经不再有人信仰他，就是了。"

小艾多觉得这个解释不够清楚。某些事情发生之后，某些人还是有可能在别处继续活着的，即使所有人都认为他已经死了。虽然阿平爸爸的那些姐姐被海盗掳走之后，就没有人再见过她们，但这不代表她们不会在某个地方继续活着。那么有些神不是也一样吗？要怎样才能知道他们是否也在其他地方延续着生命？

不过老师已经讲到其他还继续存在的宗教。所以，现在并不是提出这个问题的时机。

耶稣的宗教当然就是其中之一。老师说，耶稣的宗教有好几种，比如说其中有一种派别的信徒也会向圣母祈祷，另一种则不会。

基勇的父母信仰的就是后面这一种，称之为新教（译注：也就是基督教），因为新教徒以前曾群起反抗过最早的一个派别，也就是教皇主张的那一派。基勇常和爸爸妈妈一起去一种教堂，跟小艾多他们参加弥撒的那种是不一样的，墙壁上并没有圣徒的雕像，而且他们也不叫望弥撒，而是说做礼拜。

各种宗教当中，也有一种是穆罕默德的。穆罕默德比耶稣晚几个世纪出生，而且他还亲手写过一本书。至于耶稣呢，则没写过，他都只让其他人来替他做笔记。对那些信仰穆罕默德宗教的信徒来说，这本书就是与安拉的直接对话。

欧宏和他的爸爸妈妈就是信仰这种宗教的。

"那你爸爸妈妈真的很相信穆罕默德吗？"小艾多问欧宏。

"是啊，他们都会到清真寺去做礼拜。"

"那你呢，你也会去吗？"

"会啊，跟爸爸一起去。"

"每个礼拜都去吗？"

"不是，偶尔去而已。"

欧宏的爸妈信仰的宗教，居然只要偶尔去做礼拜就行了！小艾多觉得欧宏实在很幸运。

"我爷爷每个礼拜五都会去。"欧宏说，"我有一个堂哥，则是每天都去！"

小艾多明白了，这并不是宗教不同的问题，而是每个人的习惯不一样。

接下来的下课时间，小艾多和好友们开始谈论起耶稣、佛陀和穆罕默德。他们在讨论是不是有可能用这些神来编出一个故事，就像平常用五个臭皮匠来编故事一样。

阿瑟说不行，因为不该拿宗教来开玩笑。

"为什么呢？"小艾多问。

"我爸爸说永远都不该拿宗教来开玩笑。"

小艾多想起阿瑟的爸爸和他那对浓厚的眉毛来。如果他这么说的话，他们就真的不该开玩笑了。

不过，首先要弄清楚，阿瑟的爸爸究竟相信哪一种宗教呢？

他是基督徒。总之，他信耶稣。不过阿瑟的妈妈呢，她不信耶稣，而属于犹太教。

"那你呢？"基勇问，"你信哪种宗教？"

"都不信。"阿瑟说。

由于他父母的信仰不同，又不愿因各自的宗教问题而争论，便决定让阿瑟两种宗教都不信，以免有哪一边会吃醋。

"但你相信有上帝吗？"欧宏问。

"有时候我也会祷告。"阿瑟说。

"你是怎么祷告的呢？"小艾多问。

既然阿瑟并没有宗教信仰，到底要怎么祷告呢？

"要看情况。"阿瑟说。

"什么意思啊？"

"要看我是和奶奶还是外婆一起祷告。"阿瑟说。

说起来，阿瑟又好像有两种宗教信仰似的。

阿瑟有时候是用奶奶的方式祷告，有时候又是用外婆的，这件事让小艾多思考了很久：他也一样，他是用妈妈的方式来向耶稣祷告，而基勇则用他父母的方式祷告，但不会提到圣母玛利亚。欧宏是对穆罕默德祷告，因为他的爸爸妈妈也是。阿平则偶尔向佛陀祈祷，就像他父母及祖父母一样。

所以，宗教信仰是会受到父母亲影响的。

晚上，他在小本子上写道：

宗教信仰，会受到父母亲的影响。

话是这么说没错，但信哪一种才是最好的呢？

小艾多开始思考起来，思考再思考，直到根本睡不着。

最后，他走出房间，下了楼梯。爸爸和妈妈正在客厅里看书。

"现在不是睡觉时间吗？"爸爸说。

"怎么啦？"妈妈问。

"我睡不着。"

"你还有什么事情在烦恼吗？"

"没有，我只是在思考宗教的事情。"

"宗教？"

爸爸和小艾多一起看着妈妈，因为宗教这回事，比较像是她要回答的。

"我在想，"小艾多说，"为什么天主不让所有人只信仰一种宗教呢？"

现场一片静默。

"说得好！"爸爸说。

妈妈呢，则一副很烦恼的表情。

"这个问题实在很难回答。"她说道，"而且现在已经很晚了。下次去望弥撒的时候我再告诉你。"

"好，我知道了。"

小艾多回房睡觉了。

现在他心情很好，因为妈妈在下个礼拜天就会告诉他答案了。

领悟什么是"不同"

　　和阿曼汀娜在一起，真的很幸福，但小艾多觉得这样的幸福还不够。他俩在下课时间都会见面，身旁还有其他人，但即使所有人都知道阿曼汀娜是他要好的女朋友，他们两个还是没办法聊得太久。

　　小艾多心想，应该邀请阿曼汀娜来家里玩才行。这样的话，她就会看到他家有一个很美丽的院子，一栋很漂亮的房子（当然没有阿瑟爸妈的房子那么大，不过已经很不错了），还有一对全世界最棒的爸爸妈妈，然后她就会更加喜欢他。小艾多还幻想着，他们两个能单独相处。现在，他已经能想象自己独自和阿曼汀娜在一起的情景，而不会跳起来大叫："我的天哪！"

有一天，他放学的时候刚好和她同时出来，跟她并肩朝着校门口走去。

"我妈妈会看到我们！"阿曼汀娜表情有点儿担心地说。

"对啊，她会看到我们，但这有什么关系呢？"

小艾多想起爸爸说过的：和女孩子在一起的时候，永远都不能表现出害怕的模样，即使心里真的很害怕。

在校门口，他看到了阿曼汀娜的妈妈。她女儿跟她长得有点儿像，以后长大一定还会更像。不过小艾多发现，她跟其他人的妈妈不太一样：她的头发染成了红色，手臂上有一个很漂亮的花环刺青，一直延伸到手掌的地方，身上戴的首饰，让人忍不住怀疑她是不是来接阿曼汀娜放学前，才在家里做好那些东西的。有时，她甚至还穿木鞋出来，就像小艾多在书里看到的牧羊人那样。不过，这一点儿都没影响他想认识她的意愿。这刚好跟阿瑟妈妈相反，小艾多发现阿瑟妈妈并不是很喜欢跟阿曼汀娜的妈妈说话。

他同时也看到了自己的妈妈，她永远都穿得很漂亮，发型也梳得很好。他激动得心脏在跳动着，一边还想着，自己真的拥有一个全世界最漂亮的妈妈。这时候，他拉起了阿曼汀娜的手，直直朝着妈妈走去，一边说道："她就是阿曼汀娜。我们可以邀请她来家里玩吗？"

妈妈说，得先问过阿曼汀娜的妈妈才行。刚好在这时候，阿曼汀娜的妈妈走过来了，两位女士便开始寒暄起来。与此同时，由于他实在太了解自己的妈妈了，所以很清楚即使她的表情看起来很高兴，可能实际上并不像阿曼汀娜的妈妈那么开心。

最后，她们决定要在小艾多家举办一个下午茶，邀请两个小朋友的同学一起来，不过还需要一点儿时间来准备这一切。所以，在这场下午茶举办之前，阿曼汀娜的妈妈提议让小艾多隔天到她家去吃午餐。阿曼汀娜家就在学校附近，所以她都是回家吃午饭而不去学校餐厅。小艾多的妈妈答应了，真该高兴得跳起来欢呼！至于阿曼汀娜呢，表情则有点儿害怕，就像刚才一样。

小艾多觉得自己一定是在做梦：明天，他就要到阿曼汀娜家去吃午餐了！

稍晚，他在车上对妈妈说道："妈妈，我真的非常非常开心！"

"希望你玩得愉快哦！"她回答。

"一定会的！"小艾多说。

"回来再讲给我听！"

"当然。"

与此同时，他心里却想道，不行，或许不能全部告诉妈妈。如果他吻了阿曼汀娜，或者身体又变得奇怪了，他就不会告诉她了。或者，只能讲给爸爸听。就像爸爸说的，这是男人之间的事。

隔天，阿曼汀娜的妈妈来接他们的时候，身上穿的衣服更奇怪了：她穿着一件洋装，但衣服下又穿着一条很紧身的裤子。

阿曼汀娜住的是一栋很老旧的建筑，没有电梯，只有木头做的大楼梯。这栋建筑很漂亮，尤其是，每一层楼的居民都会在他们公寓的大门上画上美丽的图案，有的画花，有的画动物，甚至还能看到一些小艾多不是很懂的句子。

阿曼汀娜和妈妈住在顶楼，到的时候大家都有点儿喘，尤其是阿曼汀娜的妈妈。小艾多早就发现了，她在校门口的时候会抽烟，而这件事呢，他也知道对健康是很不好的，所以心想自己绝不学抽烟，连一根都不行，因为爸爸说过，一旦抽了之后，就跟吸毒一样是会上瘾的。

他们家也有点儿让人吓一跳。首先，小艾多觉得它看起来有点儿像他房间很乱的时候。每次他在地上堆了很多东西，妈妈都会生气地叫他把房间收拾整齐。

"到了！"阿曼汀娜的妈妈说，"好了，我要到厨房去了。跟你的朋友介绍一下我们家吧！"

说完，她就只留下小艾多单独和阿曼汀娜在一起。他实在不该浪费任何一点儿时间，得赶快亲她才行，虽然这有点儿难，因为这时候他们是在起居室。而且，这里还有一些很奇怪的东西，看起来有点儿像很大的便便，但漆成玫瑰色、绿色或蓝色。可以坐在上面，或者拿来挂大衣，不过很容易就看得出来，其实那并不是椅子或衣架。

"这个啊，是爸爸的雕塑。"阿曼汀娜说。

小艾多知道她爸爸是雕塑家，但如果没人提醒的话，第一眼实在猜不出来这是什么。他很高兴自己并没有把心里最初的想法说出来：他以为那是很大的便便，还是吃了各种颜色的图画之后的霸王龙的大便。如果自己那些好朋友看到这个，一定会笑弯了腰，不过阿曼汀娜当然不可能会这么想。他甚至还发现她盯着他瞧，想知道他有没有在笑。一定有很多人嘲笑过她爸爸的雕塑。于是，他说道："好漂亮啊！"

"啵"的一声，他亲了阿曼汀娜一下，瞧见她眼角有一小滴泪水。

她又带他参观公寓，一边还小心翼翼地不踩到所有丢在地上的东西：有一些像是税单的文件、工具、纸箱（她说那是从以前住的公寓搬过来的）、一叠一叠的 CD 和 DVD，甚至还有一件尺寸很大的短裤，根本看不出是阿曼汀娜的爸爸还是妈妈要穿的。

终于，他们来到了她的房间。经过了之前的房间，这里反倒显得很奇怪：整理得非常干净。阿曼汀娜从报纸上剪了很多漂亮的照片，全都贴到了墙上，有风景照，有动物，也有一些是她自己的相片，还有一些图画。她的床上摆了各种颜色的毛绒玩具，其中最特别的，是一只跟阿曼汀娜一样大的狗狗，大大的耳朵垂了下来，一边的眼睛也有点儿下垂。

"它叫叶慈。"阿曼汀娜说，"我睡觉的时候都会抱着它，那样就会睡得很好，不再害怕。"

"你经常会怕吗？"

"对啊，晚上我都会怕。"

"如果我们两个在一起，你就不会怕了。"

阿曼汀娜看着他，他也看着她，然后小艾多很强烈地感受到了两人之间浓浓的爱意。

"孩子们，开饭啰！"

两人来到了厨房，这里也一样乱七八糟，不过墙上贴了很多相片，所以很有趣。可以看到阿曼汀娜小时候的样子，还可以看到她爸爸妈妈和其他朋友一起微笑着。她爸爸是一位很高大、留着络腮胡的男士，脸上看起来永远都很愉快。

阿曼汀娜的妈妈用番茄酱煮了一些面条，锅盖开着，就这样直接放在桌上。平常小艾多是很不喜欢吃面条的，逼不得已的时候，才会混着汤吃一点点数字形状的面。不过，这次他装出一副很美味的模样吃了起来。阿曼汀娜的妈妈给自己开了一罐啤酒。他们两个则喝加了水稀释的橘子汁。

"你们两个好可爱呀！"她说。

她的表情看起来很高兴，然后点了一根烟。

"妈妈，"阿曼汀娜说，"爸爸说不能抽烟。"

"噢，那个家伙老是喜欢说教！你可千万不要学他的口气讲话！"

"妈妈！"阿曼汀娜叫道。

小艾多发现她快哭出来了。

"好吧，"阿曼汀娜的妈妈说，"既然这样的话，我就到阳台去抽。"

她拿起自己的啤酒，往起居室那边走了过去。小艾多听到一阵窗户打开的声响，然后有一阵风一直吹到厨房来，使天花板上那些奇怪的东西摇晃起来：看起来很像冻伤的蝙蝠，而且有点儿烧焦。这一次，他很快就猜到那也是阿曼汀娜爸爸的雕塑。

他们两个现在单独在厨房里了。阿曼汀娜开了冰箱。小艾多发现里头并没有很多东西，不像他家的冰箱，每次一打开门，几乎都会掉出一个罐头或一只锅子来。阿曼汀娜打开冷冻库的门，把一个很大的锅子拿出来，里头装的是焦糖冰淇淋，她把锅子拿到两人之间的餐桌上。锅子里的东西已经有人吃过了，里头看得到汤匙刮过的痕迹。然后，两人又继续在里头挖了起来。他们觉得在锅子里画痕迹很好玩，一边尝着冰淇淋，一边互相对望。这就是幸福了。

他们听到公寓大门被打开的声音，接着听见沉重的脚步声，还有一个声音说道："家里有人吗？"

"爸爸回来了！"阿曼汀娜说。

她并不像小艾多平常看到爸爸回来那样，从椅子上跳起来，跑去迎接，相反，她继续吃着冰淇淋，或者应该说，她停止了吃冰淇淋的动作，杵在那儿不动了。

终于，她爸爸进厨房来了。他长得就像照片上一样，身材高大并留着络腮胡，小艾多还发现他有一双跟阿曼汀娜很像的眼睛。

"阿曼汀娜，这位可爱的小男孩是谁？"

"他是小艾多，爸爸。"

"你好啊，小艾多。"阿曼汀娜的爸爸说着，一边还对他伸出手来，就像跟一个大人打招呼那样。

"您好，先生。"

"所以，你们两个很要好啰，孩子们？"

小艾多很想回答："是的，我们以后要结婚。"但是他忍住了。他觉得现在讲这个太早了，阿曼汀娜的爸爸妈妈还不太认识他。

"是的，先生。"

"我说，这个小男孩的教养还真好啊！阿曼汀娜，你妈妈在哪儿？”

"在阳台上。"

"我在这儿！"阿曼汀娜的妈妈从阳台走进来。

很奇怪的是，阿曼汀娜的爸爸看到她，却是一副一点儿都不高兴的样子。

"真该死，"她爸爸说，"你还告诉我说电话费已经缴了……"

"孩子们，到阿曼汀娜的房间去玩！"阿曼汀娜的妈妈说道。

他们俩一起走到房间里，把门关上了。

靠墙壁的地方，放着一个很大的画夹，几乎跟他们两人一样高。

"这是什么？"小艾多问。

"是妈妈的画。"阿曼汀娜说。

小艾多发现跟她爸爸的雕塑比起来，妈妈的画让阿曼汀娜感到比较自在。

"我可以看一下吗？"

阿曼汀娜把画夹上绑着的细绳拆了开来，两人就一起坐在地毯上看阿曼汀娜妈妈的作品。

小艾多回不过神来了：实在太美了！上面画的是一些很瘦的女人，都穿着很漂亮的衣服，画得非常好。虽然阿曼汀娜的妈妈自己平常的穿着打扮总是很奇怪，但她帮这些人物画的衣服都很漂亮，小艾多实在没看过比它们更漂亮的了。

此外，还有一些其他的图画，有仙女、城堡、小兔子、一位骑士和一个公主。

"这是她帮一本童书画的插画。"阿曼汀娜说。

这些图也很漂亮：那个公主长得跟阿曼汀娜有点儿像，小兔子很可爱，画中的风景，有点儿像是做梦时才会看到的景色。

这应该就是一种艺术，是一种很难的艺术。小艾多心想，自己就算学好几年，也绝不可能画出这样的成果来，不过那些霸王龙的大便，他倒是很确定自己能做得出来，甚至明天就办得到了！

"你有那本收了这些图画的书吗？"小艾多问。

"没有。最后他们没用妈妈的画。事情没谈成。"

这些画居然没能被一本书采用，小艾多实在无法置信。在学校里，用功读书的人一定会得到好成绩。那么，为什么阿曼汀娜的妈妈图画得这么漂亮，却没办法被人家印到一本书上面，让所有的孩子都看得到呢？

他们正在欣赏骑士与仙女在一棵橡树下相遇的情景时，小艾多听见阿曼汀娜爸爸的叫声从公寓另一头传了过来。这代表他吼得非常大声。而且，阿曼汀娜妈妈的声音也一样很大。

阿曼汀娜不再看画了，一动都不动，泪水就快掉下来了。

她爸爸和妈妈在说什么，小艾多听得不是很懂，不过他知道这是一场"真正的争吵"。由此看来，他所听过的，自己父母之间唯一一次真正的争吵，实在不算什么了，充其量只能算是电玩游戏里的初级程度而已。现在他所听到的，至少算得上第三级。他看到阿曼汀娜一动都不动的模样，心想这应该不是头一次发生了，这种情形可能经常发生。

"阿曼汀娜！"

她转向他，但并没有立即看着他，然后又因为听见她爸爸吼得更大声而跳了起来。

于是，小艾多把手轻轻地放在她的耳朵上，然后，他吻了她。他们两个就这样一动都不动。

晚上，回到家之后，妈妈问他："阿曼汀娜家好不好玩啊？"

"很好玩。"

"午餐吃得愉快吗？"

"跟我们家不太一样。"

"为什么呢？"

"不是很整齐。"

"啊？"

"冰箱里几乎什么都没有。"

妈妈脸上出现思考的表情。

"小艾多，别人家跟我们家不一样，是很正常的事。"

妈妈解释说，这就是所谓的"不同"。而刚好，学习接受不同的事物，本来就是必要的：每个人都是不同的，做出来的事情也都不一样。有些人随时都会把东西整理得很干净，有些人则不会；有些人会去望弥撒，有些人则不会，就像小艾多的爸爸一样。每个人都是不一样的，所以得学会接受不同的事实才行。

"你明白吗？"

"明白。"

小艾多心想，如果让妈妈知道今天在阿曼汀娜家发生的事并因此而担心，说不定她就不准他去阿曼汀娜家了，甚至不再让他与阿曼汀娜见面。

"你们中午吃什么？"

"面条。"

"啊？那么你吃光了吗？"

"当然。"

"小艾多，妈妈真为你骄傲！"

"阿曼汀娜的爸爸是个雕塑家。"

"啊？这很好哇……他做的是哪一种雕塑呢？"

"不是像我们上次去美术馆看到的那种。"

"那些啊，都是古代的雕塑。"

"我比较喜欢古代的那种。"小艾多说，"不过阿曼汀娜的妈妈画图画得很漂亮。"

"她画哪一种图呢？"

"很漂亮的衣服。还有，也画童书的插画。"

"真的吗？我也很想看看。"

"不过后来她的画没有被放在书里面。我实在不懂为什么，因为她的画真的好漂亮！"

"啊，人生啊，你也知道并不是那么简单的。"妈妈微笑着说。

"为什么呢？"

"即使一个人已经尽力了，但也并不一定每次都有收获。就像你爸爸那样，他尽了全力想改善病人的状况，但对有些人来说，效果并不是很好。"

小艾多思考着。

"话是这么说没错，但是你每次做了很棒的简报时，都会得到回报。"

"这个嘛，并不是每次都这样哦。小艾多，你想想看。有时候，别人也不喜欢我的简报。然后我就会有一些烦恼……不过其实都不太严重。"

"但是，在学校里，如果我很用功读书的话，就会得到好成绩。"

于是，妈妈又花了一点儿时间跟他解释，在人生当中，无时无刻都必须尽力做到最好，不过并非每次都能获得回报，但还是每次都得尽力才行。至于阿曼汀娜的妈妈，说不定，有一天人家会接受她的画。

　　晚上，他想在小本子上写一些东西，但写不出来。他只能以各种不同的方式写出"阿曼汀娜"，最后，把整页都给填满了。

　　然后，他想了想，又写道：

　　　　不同，是一件让人难过的事。

　　　　人生当中，就算做出很好的作品，也不一定每次都能得到回报，这样的话就得重新开始。

　　　　至于雕塑呢，就不一定了。

　　　　我不要阿曼汀娜痛苦。
　　　　我不要阿曼汀娜痛苦。
　　　　我不要阿曼汀娜痛苦。

小·艾多有烦恼

　　小艾多才刚开始享受与阿曼汀娜之间的幸福，却又有了一些新烦恼。

　　不过他一点儿都不意外，因为他早就知道，人生就是这样：幸福，是没办法永恒不变的。而当一切都进行得非常顺利时，就更不可能永远都这样持续下去了。生活中的某一面，随时都有可能从哪件事情开始出现遗憾。

　　在班上的生活这一面，还是一直都非常顺利的。小艾多的成绩很好，也有办法为了帮助基勇而作弊，即使这件事已经没以前那么容易，因为他们两个现在没有坐在一起。那么到底是怎么作弊的呢？这是秘密，我们在这里就不多说了。

至于他们老师，看起来就没有那么幸福了，即便人一直都是那么好，而且几乎所有人都很喜欢他。

小艾多心想，他们老师和女老师之间的事情，应该进行得不太顺利。因为他和基勇再也没看过他们老师和女老师两个人一起走在街上，即便他们跟老师走同一条路，没让老师发现他们在跟踪也一样。小艾多觉得这实在太有趣了，心里也立下志愿，要长大以后当侦探，这样才能跟踪别人而不被发现，而且还能发现没人知道的秘密。

他也知道，老师与女老师之间的事情，是一个秘密，爸爸妈妈曾对他这么解释，但基勇不知道。于是，基勇把这件事告诉了阿瑟，不过这也没什么关系，因为阿瑟是他们的好朋友，但阿瑟把这件事告诉了那些跟自己比较要好的女生，而她们呢，就更没想到这件事是不能说的，所以又告诉其他人了。总而言之，整个学校的人都知道了。

小艾多不太高兴了，因为爸爸曾告诉过他，这件事最好保密。他爸爸是全世界最厉害的爸爸，他会这么说，一定有他的道理。

"可是，"阿瑟说，"现在大家都知道这件事了，也没有怎么样啊！"

"还是不太好。"小艾多说。

"我觉得，他们两人如果相爱的话，是一件很好的事。那么，他们以后就会结婚，而且会办一场婚礼，"阿曼汀娜说，"而我们则有可能受邀去参加。"

"太棒了！"阿平说。

"我呢，实在不知道自己会不会受邀，"基勇说，"我成绩那么烂。"

"我也一样。"欧宏说。不过并不是他成绩不好的关系，他的成绩还蛮优秀的。

"他们人很好，一定会邀请所有人去的。"阿曼汀娜说。

现在，阿曼汀娜和小艾多几乎再也分不开了，就连下课时间，他们也越来越少和各自的朋友一起玩了。但没有人因为这件事而怪他们，毕竟，大家并不太感觉得出来。

"不过，所有人都在讲这件事，还是让我感觉很不好。"小艾多说，"爸爸说这样是不对的。"

然后，大家就不再有其他意见了，因为自从小艾多与阿曼汀娜交往以来，那些好朋友就不太敢和他吵架了，就好像是他已经变得比他们还要成熟一样。

隔天，阿瑟和小艾多一起走在学校附近的街上。妈妈同意让他到阿瑟家去喝下午茶，虽然他更想去阿曼汀娜家。猜猜看他们发现了什么？

维多和肥球正以飞快的速度，用粉笔在公交车亭上画画。他们走近一点儿之后，看到上面写着："马丁爱莎宾娜。"马丁和莎宾娜，就是他们老师和女老师的名字。

你们一定会说，这又有什么不对呢？不过他们也把马丁和莎宾娜画出来了。因为他们的画画技术并不是很好，所以并不是那么严重。糟糕的是，他们画的是两人抱在一起亲热的样子！

"住手！"阿瑟说道，"太恶心了！"

"要你管！"维多说。

"是啊，实在太恶心了！"小艾多说，"快住手！"

"你挨的巴掌还不够多吗？"维多说。

肥球什么都没说。小艾多觉得他应该很窘，不过，他永远都是跟着维多做的。

如果阿平、欧宏或基勇也在的话，小艾多就不会客气了，但现在，旁边只有阿瑟，他知道要对付维多的话，一点儿胜算也没有。而且，他们也不是在学校里面，没有督学，再加上这条街上人并不是很多。也就是说，如果要打架的话，这并不是一个好地方，因为不知道后果会怎么样。

"你们实在太低级了，"他对维多与肥球说，"我们实在不想和你们讲话。"

然后他就把阿瑟带走了，阿瑟还是继续抱怨，他们的图真的画得太可怕了，老师和女老师都那么漂亮，他们画得实在太糟糕了。奇怪的是，小艾多觉得阿瑟好像比较在意的是他们差劲的画图技术，而不是俗烂的内容。

对于一个秘密而言，一旦告诉女孩子之后就很难保密了，更何况是把它画在公交车亭上。

隔天，他们上课的时候看到校长和辅导老师走进来。老师看见他们进来时，表情并没有很惊讶。校长开始说话了，一脸严肃。

"我们接到通知说，在学校附近，有人看到一些侮辱性的图画，画的是学校老师里的其中两位。我们已经把图擦掉了。但我们这个学校里的学生居然画出这种图画来，是我们绝不允许的，因为这样对两位老师、我们学校，甚至是公交车亭来说，都很不尊重。公交车亭可是属于公共财产。"

"……是属于大家共有的，"辅导老师说，"大家都不该破坏它。"

"所以，"校长说，"我希望画这些图的学生能主动承认错误。"

"你们可以来找我，或者是找校长也可以。"辅导老师补充道。

"或者你们可以现在就说出来。"校长又这么强调，脸色非常难看。

所有人都默不吭声，连老师也一样。老师试图表现出这番话里的主角并不是他的模样，但小艾多发现他实在无法完全做到。他的表情很尴尬，大家都感觉得出来，他心里只有一个祈求：希望校长和辅导老师尽快离开，然后他就能继续讲解有一天人类是怎样有了一个想法，想要种一些可以拿来吃的青草，于是便发明了农业。

　　大家一直保持沉默，小艾多以为气氛会这样一直持续下去。突然，校长又说，大家听好了，如果有人知道这些图是谁画的，一定要把他们告发出来，这是义务。他们不会让告发的人曝光。而这一切，都是为了画那些图的人好。他们必须得到教训，知道自己做了一件很严重的事。

　　小艾多心想，这下子，阿瑟和他的麻烦可大了。即使维多的位置是在教室的最后面，小艾多也能感受到维多在看他。

　　幸好，他想到，自己有一个全世界最棒的爸爸：他一定能找出解决的方法。

必须自己解决问题

爸爸听小艾多讲了整件事情的始末。问题是，讲到一半的时候妈妈来了，于是他又得重讲一次。不过，这件事是男人之间的事。

"如果你去告发他们，维多就会知道是你讲的，是这样吗？"

"不管是我还是阿瑟，结果都一样。"

"看见他们做这件事情的，只有你们两个吗？"

"我也不知道。"小艾多说。

忽然之间，他明白爸爸心里在想什么了：如果有别人看见他们在画，又把他们揭发出来，维多和肥球还是会以为是小艾多和阿瑟去告密的!

"可以确定的是,以他们的成绩和这些图画来说,他们很可能会被退学!"小艾多说道。

"就是因为这样,所以事情才很严重。"爸爸说。

妈妈也一样很担心。小艾多想知道她是不是赞成他去向校长告发维多,因为这是在做好事,虽然会引发一些困扰。不过这会儿,她什么都没说。

"唉,"爸爸说,"这件事情实在没必要搞得这么大啊!"

"我才不这么认为。"妈妈说,"对老师总是要有基本的尊重。"

"如果我是校长的话,只会把图画擦掉,眼不见为净。"

"其他老师应该不是这么想的。"妈妈说,"万一那两个小孩子再画一次,该怎么办!"

她想了一想,然后说道:"我觉得我们应该去见一下校长。"

"为什么要见他?"

"叫他不要让我们的儿子蹚入这浑水。"

"话是这么说没错,只可惜这浑水已经蹚了。"

小艾多突然觉得很担心。他发现原来也有一些问题,是他这对全世界最好的父母也想不出方法来解决的。

妈妈应该也发现了,因为她说道:"小艾多,你该回房去写功课了。爸爸妈妈要谈一谈。"

当然，小艾多还是躲在楼梯上，希望能听到他们在讲什么，不过却什么都听不见，因为爸爸妈妈并没有在吵架：他们讲得很小声。他只听见爸爸说道："更何况，那个维多，大家都知道他家的状况……"于是他想起维多那个看起来很凶的大哥，脖子上还戴着一条金项链，也觉得这会让事情变得更复杂。

他拿出自己的小本子，心想，说不定从以前写过的那些句子里，能找到解决的方法。

最后，他找到了一些非常有趣的句子，尤其是跟事情的后果及建立自己的势力有关的那两句。

阅读的同时，他觉得自己写的其他话，实在没有比这两句更受用的了。

全世界最棒的小·艾多

几天过后，什么事都没发生。爸爸妈妈并没有去见校长。小艾多和阿瑟也没有告发任何人。不过，小艾即使没有整天都和其他几个臭皮匠待在一起，也不会受到维多的欺负了。他们相遇时甚至还会互相道好，即使彼此之间从来没有真正地讲过话。

阿瑟甚至还说，维多和肥球真该送礼物给他们，但小艾多想起自己曾对这件事情做过的承诺：再也不会接受同学的礼物。于是，他回答说不行，而最后，欧宏、阿平和基勇也都同意了。

说到底，虽然维多和肥球图画得很糟糕，但说不定还是能称得上艺术家的，就像阿曼汀娜的爸爸一样，因为小艾多觉得他们画的那些东西，好像反倒带来了不错的效果。那一阵子他们老师的心情看起来很愉快，虽然他们从那时候开始再也没见过他跟女老师在一起，但是老师和女老师之间互相对看的眼神，却变得有点儿像小艾多与阿曼汀娜一样了。

　　还有另一件也很不错的事情，就是他们再也没看见有人画新的图了，就连校长也很高兴。小艾多心想，自己已经变成了一个真正的功利主义者，就像他爸爸一样。而这一切，全都是因为他很小心地考虑事情的后果，并建立自己势力的结果。爸爸妈妈说的话，还真的非听不可！

完成梦想

这一天，小艾多非常兴奋：阿曼汀娜要到他家来！

妈妈还没安排好一场真正的下午茶，不过因为小艾多急着要邀请阿曼汀娜来，两位妈妈便同意让阿曼汀娜放学后和他一起回家，她会在他家吃饭，然后，她爸爸再来接她！

现在小艾多与阿曼汀娜就坐在车子的后座，他妈妈正在开车。光是让阿曼汀娜看到他妈妈开车技术那么好，小艾多就已经觉得很骄傲了，而且他们这辆漂亮的新车后座又是那么宽敞，闻起来还有一点儿像是新鞋子的味道。

阿曼汀娜没说太多话，表情看起来有点儿惊讶。

"阿曼汀娜，在学校过得好不好啊？"小艾多的妈妈一边问，一边通过后视镜看着他们。

"很好，阿姨。"阿曼汀娜说。

"你最喜欢上什么课？"

"噢，是画画课。"

"画画课吗？那么你想当艺术家，就跟你爸爸一样吗？"

"不，爸爸是雕塑家，妈妈才会画画。"

"小艾多告诉我说，她会画很漂亮的衣服，还会画很美丽的仙女图片。"

"对啊，"阿曼汀娜说，"妈妈画的图最漂亮了。"

"这实在太棒了。那么她也会画一些衣服给你吗？"

"不，现在她到店里上班去了。"

"是服饰店吗？"

"不，是鞋店。"

"那么你应该有很多漂亮鞋子穿了，是吗？"小艾多的妈妈问。

"是啊，我们买可以打折。"

"啊，这实在太棒了。"小艾多的妈妈说。

"也没有啦，"阿曼汀娜说，"因为打折卖的，都是一些我不太喜欢的款式。"

这时候，小艾多发觉他妈妈不知道要讲什么了。或许阿曼汀娜也发现了，因为她又说道："不过还是很不错，爸爸说妈妈能找到工作，实在是太走运了。"

"是啊，这是一定的。"小艾多的妈妈说。

不过小艾多知道，看到一个人那么会画画，却只能做卖鞋子的工作，妈妈会觉得有点儿感伤。但是他也记得妈妈曾经说过：人生当中，并不是每件事都能得到回报的。

"那么你呢，小艾多，今天过得还好吗？"

"非常好。"小艾多说。

"和维多之间没问题吗？"

"噢，没问题，现在他变得很客气。"

"啊，你看，就连那么凶的人，如果我们不跟他恶言相向的话，也可能会变得很客气。"

"这倒是真的。"小艾多说。

阿曼汀娜以非常讶异的表情看着他，她当然是知道整件事情的。小艾多也看着她，然后她就因为小艾多突然变得那么喜欢维多和肥球，而开始疯狂大笑起来。小艾多也跟着她一起笑。

"怎么啦，孩子们？你们看起来玩得很开心的样子。"

"这是因为……这是因为……"小艾多试着想说明。

他实在讲不出话来，首先因为他笑得太过头了，再来是因为他也不知道该跟妈妈说些什么，除了把事实都告诉她之外，不过这当然是不可能的。

最后，他说道："没有啦，我们会笑，是因为想到维多和肥球画的东西。"

"画出那种图来，实在太过分了！"妈妈皱着眉头说。

"这倒是真的，而且，他们画得很烂，不过还是让我们觉得很好笑。"

他和阿曼汀娜笑弯了腰，笑得肚子都疼起来了，最后连小艾多的妈妈也笑了起来，说道："至少这两个孩子现在很快乐。"

他们回到家之后，妈妈把车停好。阿曼汀娜问小艾多："这是你家吗？"

"对。"小艾多回答。

阿曼汀娜什么都没再问，不过小艾多发现她正睁大眼睛猛看，心里也因为阿曼汀娜已经爱上他家而感到很幸福。

小艾多想立刻带她到自己房间去，好把自己的电玩游戏献给阿曼汀娜看，不过她希望能先到各处参观一下。

于是，他便带着她参观，就像老师在博物馆里为他们导览那样。

"你看，这里，就是客厅。爸爸平常会在这里看电视，也会在这里招待客人。"

"好漂亮啊，这张地毯。"阿曼汀娜说。

小艾多从来没这么想过。他看看这张地毯，是绿色的，还有一些颜色比较深的小点点。

"是妈妈选的。"

"那么壁炉上的那些人是谁？"

那是一张很古老的黑白相片，已经有点儿泛黄了，可以看到一些人，在一座农场的院子里。男士们都穿着黑色服装，留着大胡子，完全没有笑容；女士们则穿着几乎垂到地上的洋装，表情看起来非常疲惫；孩子们脸上看起来有点儿脏脏的，非常呆滞。

那是小艾多家族很久以前的照片。照片里的那个小男孩，就是爸爸的祖父。

"也就是说，"阿曼汀娜问，"你爸爸的祖父，是住在一座农场里？"

"没错。不过在照片上没看到动物。"

"那么这个，又是谁呢？"阿曼汀娜一边问，一边指着一位男士的肖像——非常英俊且身穿军装。

"一样是他，不过是长大以后。"

"其实他长得很帅啊！"

"对，他是死在战场上的。"

"哎呀，好可惜，战争真的好可怕。"

"没错。"小艾多说。

阿曼汀娜和他爸妈及所有大人一样，都认为"战争很可怕"。不过等小艾多长大以后，一定会很喜欢和敌人打仗，或者像爸爸的祖父一样穿着帅气的军装，表现得像神话里的艾多及圆桌骑士一样骁勇善战。

"孩子们，"妈妈问，"你们现在是在参观家里吗？"

"是的，阿姨。"阿曼汀娜说，"我可以去看看厨房吗？"

"当然可以，阿曼汀娜。"妈妈说。

小艾多有点儿不太高兴，他想立刻带阿曼汀娜到他房间去，因为等一下就要吃晚餐，他就没时间这么做了。不过，好吧，阿曼汀娜毕竟是个女生。他心想，她希望看看厨房也是很正常的事。

阿曼汀娜和妈妈进了厨房。

"哇！"阿曼汀娜说，"好漂亮啊！跟电视上一样！"

她想看看这一切是怎么运作的，甚至连烤箱都想看，因为它有个仪表板，有点儿像计算机那样。她看了洗碗槽的水龙头，甚至还看了壁橱里有什么东西，又把冰箱给打开来瞧瞧。她一句话都没说地站在它前面，从上到下都装得满满的，冰箱门内摆满各种不同酱料的瓶子。

小艾多想起阿曼汀娜家那台几乎空荡荡的冰箱。我的天哪，他想，她看到这一切，不晓得会不会觉得很难过。

"好了，现在，我想让你看看我那些电玩游戏。"

"阿曼汀娜，"小艾多的妈妈微笑地说，"我觉得现在你应该去看看那些电玩游戏啰！"

阿曼汀娜什么都没说，不过还是跟着小艾多走进他房间。他觉得这里跟阿曼汀娜的房间并没有太大的不同。所以，这里就不会让她有难过的感觉了。

最后，他甚至连电脑都没打开，两个人只是坐在床边，就像在她家一样。

"你开心吗？"小艾多问道。

"噢，开心。"阿曼汀娜说。

不过小艾多还是觉得她的表情有点儿哀伤。于是，他亲了她一下，她也一样。他们两个就这样一直靠着对方，一句话都没说，直到小艾多听见爸爸叫他们去吃饭的声音。

没有完成梦想

"阿曼汀娜,学校里一切都还好吗?"小艾多的爸爸问。

"是的,阿曼汀娜很喜欢画画。"小艾多的妈妈说。

他们都坐在厨房里,餐室里的那张桌子只有在客人比较多的时候才会使用。那种情况之下,小艾多不会跟大人一起吃饭。因为每次他听到大人们谈话的内容,都觉得出奇无聊。

"你最喜欢画的是什么?"小艾多的爸爸问。

"花。"阿曼汀娜回答。

"噢,有道理,花很漂亮。"

"长大以后,我要开一家花店。"阿曼汀娜说。

"这是一个很棒的职业。"小艾多的爸爸说。

"我也是，我小时候的梦想，也是要开花店。"小艾多的妈妈说。

"啊，真的吗？"阿曼汀娜说，"那么为什么您后来没开花店呢？"

"因为爸爸妈妈和老师都希望我多读一点儿书，而不是开花店。"

"现在，妈妈的工作是做简报。"小艾多说。

"做简报，真的比开花店好吗？"阿曼汀娜说。

"有时候，我也会有同样的疑问。"妈妈说。

"你是不是更喜欢开花店？"爸爸问。

"那样的话就能有一间很漂亮的店，徜徉在许多花中间，也不会有老板了……"

"我会到你的花店去，跟你买很多很多花。"小艾多说。

"你人真好。"妈妈说。

"我可以跟您一起工作吗？"阿曼汀娜问。

"当然可以，不过你也知道，现在我根本不可能开花店了。"

"怎么会呢？我也一样，我一定会去跟你买花。"小艾多的爸爸说。

"以前你爸爸刚认识我的时候，经常送我花。"妈妈说。

"现在呢？"小艾多问。

"不常送了。"妈妈笑着说。

"噢，"小艾多的爸爸说，"上次不是才送过……"

"是的，我知道，我知道。"妈妈说。

"我可是什么都没听到哦！"爸爸说。不过小艾多知道他爸爸听得可清楚了，应该很快就会再送花给妈妈了。

"那么你呢，小艾多？你想长大以后当什么？"

每次有客人的时候，爸爸妈妈都喜欢问他这个问题。而阿曼汀娜现在就是客人，即使他们是在厨房里吃饭。

"我要当侦探。"小艾多说。

"侦探？每次都是这个奇怪的想法！"

通常，小艾多都会随便回答一个他最近从电视上看到的职业，不过这一次他可是经过深思熟虑的，而且已经有一段时间不再改变想法了：他真的很想当侦探。

"但是你为什么想当侦探呢？"阿曼汀娜问。

"这样就能跟踪人家而不被发现！这样就能知道很多秘密，而且是不能说的秘密。"

"你有很多不能说的秘密吗？"妈妈问。

小艾多猛然意识到自己讲话的对象是他妈妈。

"噢，没有，对自己的爸爸和妈妈当然没有啰！"

"干得好啊，儿子！"爸爸笑着说。

"你太夸张了！"妈妈对爸爸说，"你怎么会……"

"亲爱的……"爸爸看着妈妈说。

小艾多则看到妈妈好像想起某件他们曾经一起讨论过的事情，然后就安静下来了。

"好，"她说，"小艾多，你想当侦探。阿曼汀娜，你对这件事有什么想法吗？"

阿曼汀娜的表情看起来好像刚从梦里醒过来。虽然她的样子看起来一直都很认真地盯着他们，但其实好像根本没在听，或者应该说，她这个时候已经神游到别的地方去了。

"嗯……我觉得他应该会成为一个很好的侦探！"

"啊，真的吗，为什么呢？"

小艾多盯着阿曼汀娜瞧，心想她可能不小心就会把所有的事情都讲出来，关于维多、公交车亭的图画，尤其是小艾多怎么摆脱这件事情的始末。

"嗯……我也不知道。不过既然他功课那么好，他想做什么就能做什么。"

阿曼汀娜看了小艾多一下，他感觉自己对她的爱意又进了一大步。阿曼汀娜一定能当个很出色的女侦探！

稍晚，两人一起待在他的房间里。他终于有机会把自己最新的电玩游戏拿出来给阿曼汀娜看了！不过，当他打开电脑的时候，却发现她的表情像是在想心事。

最后，阿曼汀娜问他："你的爸爸妈妈，从来都不吵架吗？"

小艾多的脑海里开始快速地思索起来。从某些方面来说，这是真的：他的父母亲并不会经常吵架，每天吃晚餐的时候，几乎都像今天一样。同时，他也想起自己所听过的，阿曼汀娜爸妈之间的对话。

他看见阿曼汀娜很期待听到他的回复。

"会啊，他们经常吵架。不过，今天晚上，因为你在这里，他们克制得很好。"

"啊，是这样啊。"

小艾多发现她的表情看起来是失望的，不过也有点儿高兴。

"就是因为这样，"小艾多说，"我很喜欢你到我家来。这样的话，他们就会对彼此好一点儿。"

他说完之后，"啵"的一声，亲了阿曼汀娜一下。

他们在一起玩了一会儿电玩游戏，是赛车的游戏。这是少数几个他妈妈很喜欢，而阿曼汀娜也玩得很好的游戏之一。最后，他花了好一番力气，让她赢了比赛。

他又想起另一件爸爸曾经说过的事：有时候，也要把赢的机会让给其他人才行。所以，对于阿曼汀娜这么一个他很喜欢、也很喜欢他的人，更要这样啰！

他们又看了一会儿书，因为他也有一些画得很漂亮的书，尤其是那些恐龙，画得真的很好，几乎让人以为它们都是真的，此外也有一些漫画，画中主角拥有神奇的魔力。比看那些书还更有趣的事，就是看阿曼汀娜翻书时的惊叹表情。

稍晚，他们听见楼下爸爸妈妈的声音，然后又有另一个声音，是阿曼汀娜的爸爸在叫："阿曼汀娜！"

她看看小艾多，然后说："我不想回家。我想留在这里。"

他眼前展开了一个新世界！如果阿曼汀娜留在他家的话会怎样？他们要一起睡觉吗？这有可能发生吗？这么棒的事情真的会发生吗？或者只是在做梦而已？

门外传来一阵声响。他们两个人的爸爸都上楼来了，微笑地看着他们。

"他们看起来处得很好。"小艾多的爸爸说。

"真的是两小无猜。"阿曼汀娜的爸爸说。

"爸爸！"阿曼汀娜说，"不要再讲了！"

"打扰了，因为明天还得很早起床。"

"阿曼汀娜可以留在我们家！"小艾多说，"妈妈会载我们一起去上学！"

阿曼汀娜什么都没说。两位爸爸的表情都很惊讶。

"您觉得怎么样呢？"小艾多的爸爸问阿曼汀娜的爸爸道，"对我们来说，这不成问题……"

阿曼汀娜的爸爸看着她："阿曼汀娜，你想留在这里吗？你确定自己不想回家吗？"

她并没有看他。然后，她小声地说道："我不知道……"

小艾多的心刺痛了一下，阿曼汀娜现在居然说不知道？但是刚才她说过自己不想回家的！这是背叛，就像基勇以前做的事情一样！她不知道自己到底想不想留在他家吗？一分钟之前，她才说过相反的话呀！

"可是你刚才不是说……"

阿曼汀娜看了他一眼，这时候，他知道对她来说，要对爸爸说"是"实在很为难。或许这会让他觉得，她比较喜欢留在别人家里，而不喜欢爸爸。她也一样，她知道说话的时候不该忘记对象是谁。

"好吧，"小艾多的爸爸很快地说，"那么我们就跟之前约定的一样吧。或许下一次再说吧，等阿曼汀娜的爸爸和妈妈都同意的时候。"

下楼梯时，他小声地对爸爸说："阿曼汀娜刚才告诉我说，她想要留在我们家。"

"啊，你也知道，那些女生啊，是经常会改变主意的。那就听她的吧……"

这让小艾多觉得不是很高兴，阿曼汀娜可不是一般的"女生"。她是阿曼汀娜，她是与众不同的。

阿曼汀娜和她爸爸走了之后，小艾多在厨房里待了一会儿，帮妈妈收拾东西。

"那么，小艾多，你开心吗？"妈妈问。

他原本应该回答："不开心！我很难过，也很生气，我想要阿曼汀娜留在我们家！但爸爸没有支持我。"不过他却突然想起：人生当中，永远都要懂得看见事情乐观的一面。他毕竟和阿曼汀娜过了一段非常愉快的时光，即便最后有点儿扫兴。

"开心啊。今天晚上真是开心。"

"阿曼汀娜人很好，你也知道。"

"原本她想留在我们家的。"小艾多说。

"真的吗？她这样说吗？"

"是啊，不过后来，看到她爸爸之后，她就说自己不知道了。"

"啊？可能她不希望他伤心。"

"妈妈，你真是全世界最棒的妈妈。"

然后"啵"的一声，他亲了妈妈一下。

实在很可惜，他没办法把一切都说给妈妈听，因为她是个女生。这跟他和爸爸之间是不一样的。不过从另一个角度来看，在了解女生的想法这件事上，她倒是能提供很好的建议。

晚上，小艾多把小本子打开，思索起来。

想起阿曼汀娜在她爸爸面前，又想起她回答自己不知道是不是想留在他家时，他心里是多么难过，他写道：

> 其他人也一样，他们也不会忘记自己是在跟谁说话。所以说，别人跟你讲话的时候，你也不该忘记这件事。

他又想了想，然后，突然发现自己领悟了一件人生中很重要的事：

> 梦想会在梦中实现！

小·艾多喜欢不同

　　有一天放学后，小艾多问爸爸妈妈自己能不能到欧宏家去，因为老师布置了一项作业要他们一起讨论。爸爸妈妈同意了：小艾多可以先和欧宏一起回他家，然后爸爸再去接他。

　　欧宏爸爸那辆很大的老爷车上，也一样有个很漂亮、很复杂的仪表板，上头有一个小小的刻度表，可以知道车子上坡时能走到什么样的坡度而不翻车。小艾多心想，他一定要盯着这个表，看看它会指到哪里，不过欧宏的爸爸却以他很奇怪的口音说道："孩子们，到后座去吧！"由于前座的椅背实在太高了，他们几乎什么都看不到，只能看到正在开车的欧宏爸爸。

小艾多发现欧宏爸爸的手臂真的很粗壮，还有手毛，连手腕上都有。也许欧宏说的真的没错：他爸爸就像海格力斯一样强壮。这也很合理，要盖房子的人，一定要很强壮才行，因为所有的东西都很重。

他们到了，小艾多看到欧宏他们家的房子还没盖好。其中一部分已经完工，另一边还没有屋顶，窗户上也还没装玻璃。而院子呢，也不像小艾多或阿瑟他们家的那种院子，树都还没长起来呢，只有一堆看起来很重的用来盖房子的工具。

欧宏的妈妈看起来很亲切。她身穿围裙，梳了一个大发髻，虽然嘴巴侧边的地方少了一颗牙齿，脸上却带着美丽的微笑。

他们进了客厅，里头有欧宏的小弟弟和小妹妹，年纪真的非常小，正手脚并用地爬来爬去。随后他们到了餐室，这里头的空间比较大，放着欧宏妈妈为他们准备的点心。

欧宏的大姐也在，小艾多以前从来没见过她。她比他们至少大五六岁，小艾多觉得有点儿害羞。他在大人面前，或者在同年龄的小孩面前，一向都不会感到害羞，不过面对欧宏姐姐这样的大女生，却觉得自己有点儿小。她的肤色非常苍白，两条黑色的大辫子垂到肩膀上，灰绿色的双眼，以非常平静的表情看着他们。她的眼睛看起来有点儿像猫，小艾多心想，或者应该说像一只漂亮的小猫，但却巨大得足以吃掉他们两个。

"喏，这是小艾多，"欧宏说，"这是我姐姐。"

“小姐，你好。”小艾多说。

“你可以叫我德加米拉。”她说。

小艾多看得出来她现在正在用功。有好几本书摊在她面前，而她正像老师那样做着笔记。

“你在做什么？”小艾多问。

“在准备考试。”

“什么考试？”

“要考上好学校的考试。”

“我姐姐想要当医生。”欧宏说。

这让他有了一个很好笑的想法，想象着欧宏的姐姐正在听他心脏的情景，就像他曾和妈妈一起去看过的那位医生做的事那样。

由于不太知道要聊些什么比较好，他开始环顾起四周来。他在墙上看到一位男士的相片，头戴一顶很奇怪的皮制软帽，表情有点儿严肃，他猜这会不会是欧宏家族里的某位成员。由于这张相片看起来像是很久以前照的，他便问这是不是欧宏的爷爷。"不。"欧宏回答说，这是他们祖国很久以前的总统。

德加米拉又回头开始用功了，看起来很认真的样子。她虽然跟阿曼汀娜长得不太一样，但也很漂亮。

小艾多他们开始做功课了：他们得把参加过特洛伊战争的人，列一张表整理出来，然后用两到三行文字描述他们的生平，不懂可以查字典。老师告诉过他们，在生活中，对某件事情不了解的时候，知道怎么查字典是很重要的。不过欧宏在网络上找到了一张全都做好的名单，他们在讨论是不是能直接抄过来。

小艾多想起妈妈曾经说过的话（人生中绝对不能作弊），也想起爸爸说的（人生中绝对不能因为要帮助朋友而作弊，如果作弊就不能被抓到）。

最后，他们做了一个决定：老师虽然不会知道他们在网络上已经找到一张全都写好的名单，但因为这并不是在帮助朋友，所以不值得他们作弊。因此他们要来做一张自己的表，不过还是会参考网络上那些数据。

欧宏的妈妈时不时过来看看他们，他爸爸也是，小艾多发现这对父母非常高兴看到他们和餐桌另一头的德加米拉一起用功。

小艾多问欧宏，他们能不能把写好的东西拿给他爸爸妈妈看。这样的话，他爸妈就能提供意见，让他们知道自己写得好不好，但是欧宏说不行，因为他们可能看不懂。这让小艾多非常惊讶：原来欧宏的爸妈并不像他爸妈一样什么都懂，应该说，他们对学校里教的东西并不是什么都知道。不过，当然了，他自己的爸爸，也不懂得要怎么盖房子，而他妈妈也不会做他们刚才吃的那种点心。

"我们可以问我姐姐。"欧宏说。

德加米拉抬起头来，他们便把刚才写的东西拿给她看。

"喂，欧宏，有错字。"

然后她开始用笔改了起来。

"你不能说帕里斯'抓走'墨涅拉奥斯的妻子。"

"真的吗？可是他的确是抓走了她。"

"不，应该说是'拐走'。"

"不过，网络上的信息说，她其实是自愿跟他走的。"小艾多说。

"是啊，不过讲得不是很清楚，"德加米拉说，"有很多不同版本。不过写'抓走'不太好，你们可以写'诱拐'。"

"'诱拐'是什么意思啊？"欧宏问。

"就是说他想办法让她高兴，然后她也爱上他的意思。"

"所以，并不是他抓走她的吗？"

"这没有人知道。"德加米拉说，"总而言之，在那个时代，一般都不太尊重女人的意见。"

小艾多终于了解为什么欧宏的作文成绩那么好了：都是因为有一个这样的姐姐！他终于同意爸爸的看法了：欧宏一点儿都没有天分！

那么德加米拉有没有天分呢？不管怎么说，她都帮了他们很多忙，而他们应该也能得到很好的成绩。这是一个不错的结果。所以说，德加米拉应该是个功利主义者。

小艾多的爸爸和妈妈来了，他觉得他们的车子在欧宏爸爸的车子旁，看起来实在好小，却比较新。欧宏的父母邀请他们进客厅来，然后大人们便喝了一点儿茶，欧宏最小的妹妹还企图爬到小艾多妈妈的膝盖上，妈妈看到小艾多吃醋的样子，居然显得很高兴。

随后，德加米拉也进来了，跟小艾多的爸爸妈妈问了好，小艾多的爸爸妈妈问了她一堆问题，想知道她以后要往哪个方向发展。

小艾多觉得爸爸妈妈很喜欢德加米拉要当医生的这个想

法，他好希望自己告诉他们以后想当侦探时，他们的表情也这么高兴。

小艾多觉得和欧宏、欧宏的爸妈还有德加米拉在一起的感觉很好，即使很容易就能看出这里和他家不一样。无论家具、地毯，事实上应该是所有的东西都不一样，甚至连墙壁都还没油漆好，院子里也堆满了要盖房子的材料。

小艾多注意到某个家具上挂着一张相片，以颜色很黑的木头加了框，看起来很古老的样子。这张相片看起来跟他们家那张有点儿像：上头可以看到一些穿着黑色礼服的男士，头上戴着奇怪的帽子，脸上留着大胡子，一点儿笑容都没有；女士们则穿着很长的礼服并戴着头巾，一样也是没有笑容；还有好多小孩，表情非常呆滞，好像从来都没照过相一样。

"那是你爷爷吗？"小艾多一边问，一边指着一个看起来跟欧宏有点儿像的小男孩。

"不对，"欧宏说，"是我爸爸。"

小艾多非常讶异。他觉得他们两家的故事非常雷同，可是不同国家之间的民情，通常应该有所差别。德加米拉就有点儿像小艾多的爸爸一样，可能会成为家族里第一个当医生的人。

这期间，小艾多的爸爸和欧宏的爸爸讨论起一个他们两人都很感兴趣的话题：历史。他们都会看同一个总是播放历史片的电视频道。小艾多的爸爸总是要他多看一点儿这种片子，但他觉得这实在够无聊的，除非看到很多飞机在空中航行或进行轰炸任务，就算几乎每次都是黑白影片也没关系。欧宏的爸爸看起来却是一副很爱看的样子。

终于，他们要离开了，欧宏全家人都走到家门外送他们。

在车上，小艾多问道："德加米拉很有天分吗？"

爸爸妈妈互相对看了一下。

"她已经有一对很好的父母，"爸爸说，"不过，是的……她很有天分。"

"那又怎么样呢？"妈妈说。

"话是这么说没错，但如此说来欧宏并没有天分啰，因为德加米拉都会帮他改作文，这是我看到的！"

"这我们也猜到了，小艾多。"妈妈说。

"那为什么阿瑟的爸妈不邀请欧宏去喝下午茶？"

爸爸妈妈互相对看了一下。小艾多发现他们之间常会有这个动作，是因为在讨论谁要先回答。

最后，是妈妈开口的："因为有些人只希望跟他们同样的人在一起，他们不太喜欢看到跟自己不一样的人。"

"这么做好吗？"

妈妈对他解释道，大家都是一样的。总而言之，我们需要关注的，是我们有没有做好事，而不是到底有没有钱、有没有知识，或有没有名。

"听懂了吗，小艾多？"

"懂，我们不用在意我们有没有上过学，或者我们有没有钱，只要注意我们到底有没有做好事就行。"

"这就对了！"

妈妈的表情非常高兴。小艾多心想，自己刚才可是做了一件好事，让妈妈高兴了一下。爸爸也很高兴听到他这么回答，不过小艾多觉得，他好像也想表达一些看法。

"欧宏的爸爸妈妈，看起来虽然跟我们不一样，但说到底，我们对重要的事情有一致的看法。所以，我们是聊得起来的。不过其他人在意的只有不同之处，他们就偏好只跟自己很像的人往来。"

"就像阿瑟的爸妈吗？"

"没错。"妈妈说。

"那么，认识像欧宏和他爸妈这种跟我们不同的人，对我们来说也是好事吗？"小艾多问。

"如果我们喜欢的话，这样就是比较好的。"妈妈说，"我们必须学会接受不同的事物，这就是所谓的和平共处。"

"所以，对于那些跟我们不同，不喜欢跟不一样的人在一起的人，比如说阿瑟的爸爸妈妈，我们也必须喜欢他们吗？"

小艾多的爸爸妈妈互相对看了一下。

"没错。"妈妈说。

这天晚上，小艾多在他的小本子上写道：

所谓的不同，就是指：并不是每个人都一样。

就算有人不喜欢不同，我们还是可以喜欢跟他们在一起。

重要的是有没有做好事，而不是有没有上过学。

然后，小艾多又想，假如自己不去上学的话，就永远没办法通过要成为侦探的考试。然后他的爸爸妈妈就会很失望。于是，他写道：

在学校里用功读书，是为了未来能有好结果。

发现另一个秘密

有一天，阿瑟对小艾多说："我要告诉你一个天大的秘密。"

小艾多觉得很害怕。阿瑟会不会已经发现自己的妈妈很喜欢他爸爸？

"哪一种天大的秘密？"

"是跟阿平有关的。"

"阿平？他哪有什么秘密？"

"你这么说实在是笨。每个人都有秘密，即使你从来不告诉任何人，任何人！"

"好吧，你说跟阿平有关的秘密，又是什么呢？"

"他没有爸爸妈妈。"

"这么说实在太愚蠢了，每个人都有爸爸妈妈的！"

"是啊，是啊，但他的爸爸妈妈，都已经死了。"

"什么？"

"这是真的，千真万确。这是我爸爸告诉我的。"

小艾多实在不敢相信。所以，阿瑟就不得不再多解释一点儿了。他爸爸，或者应该说是他爸爸的员工，负责帮阿平的祖父母处理报税的问题。文件上是这么写的：他们之所以负责照顾阿平，是因为他的父母都已经"过世"了。

"但他们是怎么死的呢？"

"在他很小的时候，他们在路上了发生重大车祸。"

"可是为什么他什么都没跟我们说？"

"说不定连他自己也不知道，也说不定家人告诉他说，他们是去旅行了。"

小艾多想起，阿平总是说自己的爸爸妈妈到祖国去旅行了。

"说不定他以为爷爷奶奶就是他的爸爸妈妈！"阿瑟说。

"才不是哩！他说得很清楚，那是他的爷爷和奶奶。"

"真的吗？那么，他就应该会怀疑自己的爸爸妈妈是不是已经死了，因为他已经很久没见过他们了。"

"好吧，总之，这件事还真是秘密中的秘密。"小艾多说，"而且不该让任何人知道……连女生也不能说。"

"好。"阿瑟说。

说到这里，他发现阿瑟的表情很尴尬。一定已经来不及了，这件事已经不是秘密了。

最后，小艾多告诉自己，还是必须把这件事告诉阿平才行。有一天下课时间，他找了个机会单独和阿平在一起。

"那个……有些人在谣传一些跟你爸爸妈妈有关的蠢事。"

"啊，是啊。"阿平说，"比如说他们已经死了之类的。"

小艾多很惊讶。阿平的表情一点儿都没有不高兴。

"是啊。"

"他们说的没错。"阿平说。

"但是为什么你从来都不告诉我们？"

"因为一开始的时候，家人是告诉我他们去旅行了，所以，我也是这样跟别人说的，而且也相信他们还会再回来。总而言之，他们从很久以前就已经出远门了，我也不太记得他们是什么模样了。"

"可是现在你已经知道他们死了吗？"

"是啊，爷爷奶奶告诉我了。"

"是什么时候的事呢？"

"去年。复活节假期，我们全家都聚在一起的时候。"

小艾多想起有一阵子阿平变得很奇怪：他那时候变得不太

像以前那么爱玩，而且也很容易发怒，成绩也退步了。

"为什么你都没跟我们说这件事？"

"再提起这件事情会使我更难受。所有人都会问我：'那么，你爸爸妈妈是怎么死的呢？现在，你心里有什么感觉呢，我的小阿平？'就是这一类的话……你懂吗？"

"懂。"小艾多说。

他觉得阿平真的很坚强。他自己呢，如果他的爸爸妈妈死掉的话，他会希望讲给所有的人知道。不过他对自己的爸爸妈妈很熟悉，而阿平对自己的爸爸妈妈甚至连一点儿印象都没有。

"那么，现在该怎么处理呢？"小艾多问。

"你可以告诉其他人没关系，除了我之外都可以提。我不想再谈论这件事了。"

"好吧。"小艾多说。

他们便走去跟其他人会合了。

"你真的一点儿都不记得了吗？"小艾多问。

"真的不记得了。"阿平说，"但是我会看他们的相片。"

"原来如此。"

"我爸爸妈妈长得都很好看。"阿平说，"如果他们能够到校门口来接我放学，你就可以看见他们了！"

"我见过你的爷爷奶奶，他们人都很好。"

"没错，但还是不一样。我爸爸妈妈，如果你见过他们，就会觉得他们真的很漂亮。"

"实在很令人难过。"小艾多说。

光是想起这件事，就让他觉得很想哭了。

"是啊，"阿平说，"如果不去想的话，就还过得去。"

晚上，小艾多打开他的小本子。

阿平这个人呢，虽然还只是一个小男孩，却已经知道幸福结束的滋味了，就跟艾洛瓦一样。他想试着在阿平的故事里找出事情乐观的一面，但没办法，他找不到。失去父母亲这件事，他实在找不出有什么可往好处想的，除非爸爸妈妈都非常凶，但无可怀疑，阿平的爸妈人都很好。最后，他想起阿平说过的话，然后写道：

对于难过的事，如果不去想的话，就还过得去。

最快乐的一天

终于盼到这一天了。这天下午，所有人都受邀到小艾多家来喝下午茶！

他们五个臭皮匠在院子里踢足球，但没算分数。阿曼汀娜、阿瑟的表姐们，还有克莱儿和一些女生朋友，则一起玩扮家家酒的游戏。大家都玩了小艾多的电玩游戏，有赛车、战斗飞机，甚至还有一个游戏是让他们练习养小孩，不过那个游戏女孩子比较爱玩。

小艾多的妈妈准备了一场很棒的下午茶，有小面包片，还有很好吃的水果色拉，每个人都吃了好几份。

他们还讲了一些很棒的故事，先是在院子里讲，天快黑的时候，又移到屋子里继续讲。

没有任何人吵架。

到了晚上，家长们都来接自己的小孩，大家都很客气地寒暄。

小艾多的爸爸和阿瑟的爸爸稍微聊了一下。

小艾多偷偷地观察他们，但没让别人发现，就像一个真正的侦探该做的那样，然后他发现他们看起来处得还不错。阿瑟的妈妈没来。

欧宏的爸爸和基勇的爸爸讨论了足球的事情。基勇爸爸年轻的时候在自己的祖国也常踢足球。

阿平的奶奶则和其他人的妈妈聊天，还说要拿她国家的食谱送给她们，其他人的妈妈们听了都很高兴。

就在这段时间，小艾多终于有机会跟阿曼汀娜独处了。他们告诉对方会永远都喜欢彼此，然后互相亲了几下。

这天晚上，小艾多对自己说："今天是我生命中最快乐的一天！感谢爸爸，感谢妈妈，感谢我的朋友，感谢阿曼汀娜！"

过了许多年之后，他偶尔还会问自己，那一天算不算是生命中最快乐的一天。有时候，他也觉得真的是这样没错。

五个臭皮匠的分离

　　有一天上午，小艾多发现基勇的表情有点儿忧愁。在操场上踢足球的时候，基勇看起来一副玩得不是很起劲的模样。不过，这一次小艾多反倒成功地拦截了好几球，他在足球方面进步很大，就像交女朋友一样。

　　"你怎么了？"小艾多问。

　　"都是因为我的成绩。"基勇说。

　　"噢，你成绩不算太差啊。"

　　"哪有，还是很差。我爸爸妈妈去见过老师和校长了。"

　　"结果呢？"

"结果，他们说我明年最好转到另一所学校去。"

"那个学校会很远吗？"

"不，不会很远。但是我不想转学，我在那里连半个人都不认识。"

小艾多了解为什么基勇会觉得难过。小艾多有一对在校长和老师面前会保护他的父母，不过他很清楚，基勇的爸妈由于书念得比较少，要这么做应该比较难。说不定他可以请爸爸到校长那边去帮基勇求个情。

"他们说新学校比较适合我。到时候我就不会一直吊车尾了。"基勇说。

"为什么呢？"

"因为他们要把我送到一所专收坏学生的学校去，这就是原因。"

"为什么他们不送你到足球学校去呢？"小艾多问。

"他们说在我们学校，我以后都不能再踢足球了。"

"哦，"小艾多说，"说不定我们也能从中看到事情的乐观面。"

他试着对基勇解释这堂妈妈教他的人生体验课，但实在很难，因为基勇很难过，而当一个人很难过的时候，就很难把别人的话听进去。

过了几天，基勇的气色看起来好了一点儿。他和爸爸妈妈一起去看过新学校了。那所学校很漂亮，也很现代化。它应该不是专门盖来收坏学生的。

但现在，轮到欧宏看起来很忧郁了。

"我们要搬家了。"他说。

"搬到哪儿？"

欧宏说，他爸爸已经决定要搬到国家的另一头去，那里要盖的房子比这边多很多，工作机会也多很多。

"那你们家的房子呢？"

"会有一些表亲搬过来住。"

"我们放长假的时候还是能见面嘛。"小艾多说。

他想试着找出事情乐观的一面，但对于这件事，实在有点儿困难。

"不太有这个机会，因为我们放假时都会回到祖国去。"欧宏说。

"说不定有一天我们可以去看你。"

"哦，不知道那时你还会不会想这么做。"

小艾多心想，这就是他以前已经学过的人生体验之一：当一切都进行得很顺利的时候，是没办法永恒不变的。不过说不定欧宏在那个城市也会交到一些好朋友。或许这就是事情的乐观面吧，虽然眼前还很难看到。

又过了一阵子，轮到阿瑟出现忧愁的表情了。

"我爸妈要离婚了。"他解释道。

"真的吗？"

"是啊。他们随时都以各种方式在吵架。"

突然之间，小艾多觉得很害怕。阿瑟的妈妈会不会是想离开，好过来和他爸爸在一起？关于这个问题，他很明显不能问阿瑟。

"那么你呢，你要跟谁？"

"跟妈妈。偶尔在周末或放假的时候，我也会跟爸爸一起过的。"

"那么你会住在哪一栋房子里？"

"他们会把我们家卖掉。然后我们会离开。"

"要离开的是谁？"

"妈妈和我。她说她可以回到外公外婆住的那个城市去找工作。"

实在太可怕了，因为小艾多居然觉得很高兴。现在，他确定爸爸永远都不会跟阿瑟的妈妈一起离开了。不过，他当然不能把这一切都说给阿瑟听，因为这样是没办法安慰他的。

"所以，你也会离开这个学校吗？"

"当然。"

"这个，就真的很令人难过了。"

大家都非常难过，因为他们都很清楚地感觉到，五个臭皮匠会就此分离了。

最后，只剩下小艾多和阿平了。

当然，还有阿曼汀娜。

小艾多知道他和阿曼汀娜之间是永恒不变的。即使爸爸说过，这是没有人能预测的。

然后，暑假就来了。

小·艾多与人生的道路

　　学期结束了，现在放了假，小艾多坐在车子后座，妈妈开车，爸爸在休息。

　　他们要到另一个国家去，那儿的天气比较热，有海滩可以让他玩水，也有一些爸爸想试喝的酒。他们经过一片有着白云与阳光的美丽风景区。

　　"你还好吗，小艾多？"

　　"还好。"

　　"心里不会难过吗？"

　　"不会。"

"到海边去，你高不高兴？"

"高兴。"

"那个，我说，你儿子怎么话这么少啊。"

这是真的，不过这是因为他在想阿曼汀娜。他原本很希望爸爸和妈妈能邀请她一起来度假，但却行不通，因为阿曼汀娜得到乡下的一个阿姨家去，在国家的另一边，这是早就安排好的。她会和表兄弟表姐妹一起度假。这个是他们拿来解释的理由，不过小艾多感觉得出来，他爸妈和阿曼汀娜的爸妈，一定很不希望他们两个一起度过这个假期。有一天，他听见妈妈对阿曼汀娜的妈妈说："他们年纪都还很小，不是吗？"另一位则回答："是啊，他们都得学着点儿才行。"但要学些什么呢？更何况，一想起阿曼汀娜的妈妈是怎么和她丈夫吵架的，小艾多就真的很怀疑，他们到底有没有办法教他们什么有趣的东西！

临走之前，阿曼汀娜对他说："我们要互相写信哦！"

他回答说好，但写信……写信一点儿都没办法改变他们有两个月都无法相见的事实！

他一想到这件事，就很想哭。就如同他俩互道再见的时候，阿曼汀娜也哭了，一想到这个，他就觉得又高兴又难过。

"等着看吧，到了海边你就会交到新朋友了。"爸爸说。

爸爸又怎么能知道，他会和那些根本就不认识的男孩及女孩交朋友呢？

"我知道你很难过。"妈妈说，"但要试着想想事情乐观的一面。你会过一个很棒的假期，然后还会再回去跟阿曼汀娜见面，而且还有很多事可以讲给对方听。"

他知道妈妈说的有道理。可是他一点儿都不想去思考事情乐观的一面。一想到阿曼汀娜，他心里就觉得很难过。

开始下起雨来了，现在，那些美丽的丘陵都消失在一片薄雾当中，妈妈的车开得越来越慢。

"希望这种天气不会持续很久。"妈妈说。

"我们要去的那个地方天气很好。"爸爸说。

"几乎每天都很好……"妈妈说。

小艾多才不管那里天气到底好不好，甚至连能不能在那里交到朋友他都无所谓。总之，他一点儿都不想去。

就在这时候，太阳又露脸了，风景也开始散发出光芒。所有的东西都湿湿的，风景非常漂亮，实在不该错过。

爸爸转过头来对小艾多说："很漂亮吧？"

"是啊。"小艾多说。

"这就对了，你看，儿子，这条路就像人生一样。有时候会下雨，接着，天气又放晴了，但是我们知道以后还是会再下雨。重要的是要继续走下去……"

"而且要知道自己大概要走到哪里去。"妈妈说。

"明白了吗，小艾多？"

"走在这条路上，就像人生一样吗？"

"是啊，"爸爸说，"我们一直走，一直走，会有一些美好的时光，也会有不好的时光，然后还会再遇上一些好的。"

小艾多开始思考起来。他告诉自己晚上要把这些写在小本子上。而且，最后，在回程道路的终点，会有阿曼汀娜在等他。

"你觉得现在是时候了吗？"妈妈问。

"当然。"爸爸说。

是怎样的时候呢？小艾多知道爸爸和妈妈一定有事情要告诉他。

"有什么事吗？"小艾多问。

"我们有一个大消息要告诉你，小艾多。"爸爸说。

"是啊。"妈妈说，"而且我们希望你听了会觉得很高兴。"

有什么消息呢？他爸妈和阿曼汀娜的爸妈又同意了？阿曼汀娜可以和他一起度过这个假期了吗？或者……小艾多突然有了很可怕的想法：爸妈会不会想告诉他，他们要离婚了？但是，他们的表情看起来并没有生气，但说不定他们只是勉强在他面前保持愉快的神情。他开始在脑袋里祈祷着："主啊，希望……"

"就是说，"妈妈说道，"你就要多一个小妹妹了。"

稍晚，小艾多对自己说，他也不知道多了一个小妹妹，到底算是一个好的"惊喜"还是不好的"惊喜"。不过，事情一定会有乐观的一面。

这就对了，多一个小妹妹，再见到阿曼汀娜，所有这一切，都是人生道路上会遇到的事。他看了看爸爸妈妈。现在，轮到爸爸开车了，妈妈把头靠在他的肩膀上。于是他又对自己说了一次，他有一对全世界最棒的爸爸妈妈。

晚上，他在小本子上写道：

拥有一个妹妹，就像走在路上：你不知道往下走到底是好还是不好。

人生中走的道路，其实就像人生。

后　记

小艾多已经长大了。

最后，他真的当了侦探。不过关于这个又是另一个故事了。

上大学的时候，他因缘际会接触到了哲学，这才知道父母亲之间对于善与恶的争论，早在好几个世纪以前就开始了，而且没有人能找出让所有人都满意的解答。

有一些人认为，要判断某个行为到底好不好，必须评估它是否能作为众人遵循的通则，而如果大家都这样做的话，也会给所有人都带来好处。比方说，说谎与作弊都是不该有的行为，就像妈妈以前经常告诉他的一样，康德也曾经这么说过。

另一些人，则跟他爸爸的观念比较相近，认为某个行为到底好不好，应该看事情的结果，才能做出一番定论。如果某件事能为大多数人带来最大的利益，那么这件事情就是好事！这些人认为，事情的结局，可用来判断做这件事的方式对不对。他们也认为："稍微做一点儿坏事，是为了更大的利益。"这句话甚至还有人以拉丁文说出来。

小艾多经常思考这两种看待事情的不同方式，并对自己说，就算不知道这些，父母亲也早就借彼此之间观念的不同，教导他如何深思熟虑。

让他有机会思考得更为深入的是回来帮父母从儿时的家搬出来那天，因为他们要搬到离市中心比较近的一栋公寓去住。

小艾多现在的年纪，就跟这本书一开始时他爸爸的年纪一样。长久以来一向被视为全世界最强的爸爸，到了现在的年纪，已经开始有点儿疲累了，搬家这天尤其严重。妈妈反而看起来比较有精神，可能是因为随着时间的流逝，她已经学会要怎么对工作少操一点儿心。

他们两个希望，现在已经长大的小艾多和妹妹能回来帮忙整理自己小时候的房间，决定哪些书和玩具要留着作纪念，哪一些要捐出去，哪一些要丢掉。

爸爸妈妈现在已经不叫他小艾多了，只叫他艾多，因为他现在长得比爸爸还高。

在自己小时候的房间里，艾多很高兴，因为他找到了以前搜集的全套《丹丹历险记》，可是正当他想把这叠书从架子上拿下来时，却碰掉了旧鞋盒。盖子被掀了开来，十几本黑皮封面的小本子散落到地板上。他打开其中一本，我的天哪，这是爸爸以前做笔记和写日记的小册子。他一页一页翻，发现每一页的角落上都写了日期。他随即停止，不再读下去了。爸爸可能已经忘记自己把这些旧本子收在这里了。他准备把它们放回盒子里时，发现从一本掉在地上而翻开来的小册子里，露出一张折成四折的纸。

这是一封信。笔迹很工整，是以青绿色的墨水写的。这封信直截了当地开了头，并没写出收信人的名字。

> 说到底，没错，你是对的，我试着这么相信。
>
> 然而我还是继续思念着你。自从见到你，听到你的声音之后，我才感觉到自己是活着的。你看，只要在你身旁，我就是幸福的。
>
> 一起在校门口等自己的儿子，聊一些无关紧要的琐事。当我们的目光交会时，我觉得你也一样，不再

是平时的那个你。

我从来都没有想过要为你带来困扰，也不想伤害你的家庭。我只是希望能拥有一部分的你，秘密地。

你回答我说，这样的秘密也改变不了什么，而且即使我们的另一半永远什么都不知道，即使并未带给任何人痛苦，我们终究还是伤害了某些东西，违反了某个规则。

你告诉我说，你很爱你的太太，而我也相信你，但我觉得你是那种有能力同时爱着两个女人的男人。（我先生和你是如此不同：即便他有那么多不忠实的纪录，却没办法真的爱上任何人。）除此之外，如果我未曾从你那边得到任何回应，就永远都不可能向前跨越一步。

你是如此优秀，而且比我明智。于是又多了一个理由，用来哀悼原本可能发生的一切。我就此停笔，而不再继续表达那些你根本不愿知道的感情。

我思念着你，朋友，却是从很远的地方，因为你是这么希望的。

接着，是一个几乎看不清楚的签名。但艾多还是认出了那个名字，是阿瑟的妈妈。然后他发现自己的心脏跳得很快。

"你在看什么？"无声无息走进来的妹妹问道。

艾多把那封信递给她。

妹妹把它读完，然后盯着艾多瞧。

他们听见父母正在院子里聊天。

两个人什么话都没说，很快地下楼到厨房，找出一个火柴盒。艾多的妹妹，就在水槽里把那封信给烧了。接着，她用很多的水把那些灰烬冲掉。艾多看着她这么明快地做出决定，而且非常沉稳地完成一切，心想妹妹应该也能成为一个很好的侦探，虽然她自己并不知道。

"你们在厨房里干什么？"他们的妈妈问。

"噢，没什么，只是想泡茶喝。"

"啊，真是好主意，我也想来一点儿。"他们的爸爸说。

"喏，爸爸，来看看我在房间里找到了什么。"

艾多把那个装了所有小本子的盒子放到桌子上。

"那是我的记事本！我已经有很长时间没再翻过这些……"

"你现在已经不写了吗？"

"不写了。"爸爸一边说，一边开始审视盒子里所有的本子。

他试着想找出每一个本子所对应的年代。突然间，他停了下来，打开其中一本。

"我说，这盒子里装的可不是只有我的东西呢！"

爸爸把那本册子合了起来，然后递给艾多。艾多把它翻开，那是他的本子，当他还是小艾多的时候所写的东西！当时他还只是一个小男孩，正憧憬着要体验人生！他开始一页一页翻了起来："讲话的时候，千万不要忘记对象是谁……狮子没办法看见事情乐观的一面……和女孩子说话时，要比她先离开才行……"

小艾多还记得自己写过其中的某些句子，有些则完全不记得了，仿佛他正在读的，是一个陌生小男孩隔着几十年的时光，向他传来的讯息。

"有人一定很想从中得到一些启示……"妈妈说。

"……从这些睿智的话语中。"妹妹微笑地补充道。

爸爸把属于自己的某一本小册子递给艾多："喏，这一本，我是在跟你现在差不多年纪的时候写的。"

艾多接过这本册子。然后也把自己的递给爸爸。

"那我们呢？"妹妹问。

艾多与爸爸互相对看了一下。

"这壶茶，我们到院子里去喝好吗？"爸爸说。

过了一会儿，他们所有人都坐到树荫下之后，这一对父子便开始浏览起对方的每一本小本子。

艾多开始了："第四课——很多人都认为，幸福，就是变得更有钱，或者更有权势。"

爸爸微笑着，翻开小艾多日记本的某一页，念道："赚三倍的钱，可能会让人想要再多赚三倍，甚至再多赚三倍。"

"真不可思议！"艾多的妹妹说。

"不，其实也不会。"妈妈说。

艾多的爸爸又翻开小艾多日记的某一页，念道："人生当中，永远都要懂得看见事情乐观的一面。"

"天哪！"妈妈说，"我想起来了……"

"我也是，妈妈。有一天在动物园……还有这个：第二十课——幸福，是一种看待事情的方式。"

"知道你没忘记这件事，我实在很高兴。"妈妈说。

接着爸爸又念了："骑士都很遵守规则，就跟妈妈一样。"

艾多则回应道："第二十二课——女人更关心的是其他人的幸福。"

他爸爸微笑地念道："尤里西斯是个功利主义者。"

"就跟你一样啊，亲爱的。"妈妈笑着说。

艾多想起他妹妹刚才烧掉的那封信，实在很想告诉妈妈说，不是这样的，事情并没有这么简单，爸爸并不是一个单纯的功利主义者。然而看见他们微笑地凝视着彼此的模样，他告诉自己，实在没这个必要了。